火控系统测试方法与实践

主　编　徐　艳　李　鸣
副主编　段修生　胡文华　刘　锋　杨　青

国防工業出版社
·北京·

图书在版编目(CIP)数据

火控系统测试方法与实践 / 徐艳，李鸣主编. —北京：国防工业出版社，2020.12
ISBN 978-7-118-12242-8

Ⅰ. ①火… Ⅱ. ①徐… ②李… Ⅲ. ①火控系统-测试技术 Ⅳ. ①E92

中国版本图书馆 CIP 数据核字(2020)第 272525 号

※

国防工業出版社出版发行
(北京市海淀区紫竹院南路 23 号　邮政编码 100048)
北京龙世杰印刷有限公司印刷
新华书店经售

*

开本 710×1000　1/16　**印张** 6½　**字数** 116 千字
2020 年 12 月第 1 版第 1 次印刷　**印数** 1—1500 册　**定价** 52.00 元

国防书店：(010)88540777　　书店传真：(010)88540776
发行业务：(010)88540717　　发行传真：(010)88540762

前　言

火控系统是高炮武器系统的重要组成部分，是高炮武器系统的控制中枢。从20世纪80年代后期开始，我军高炮武器系统开始逐渐换装数字式火控系统。数字式火控系统极大地改善了传统高炮武器系统的性能，本书旨在介绍数字式火控内部测量和测试所用的基本技术和专用设备。

全书从火控系统的任务与功能出发，在介绍火控系统基本工作原理的基础上，比较详细地阐述了电子测量的基本原理、方法，随后对火控系统内部的测试技术进行简单介绍，在此基础上，针对火控系统的专用测试设备的任务、基本原理和工作过程进行详细分析。

全书共分5章，第1章概述，介绍高炮火控系统的一般概念和基本组成；第2章介绍火控系统内部进行数据测量的基本技术，这是进行火控系统测试的基础；第3章到第5章，分别针对不同的火控系统测试设备进行详细阐述，说明每种测试设备的作用、工作原理和工作过程。

本书从火控系统动态测试、电缆类检测到常见火控及电气系统故障出发，结合具体的测试设备，介绍测试设备的基本工作原理和设计过程，一方面可以熟悉测试设备本身的原理，另一方面也可以通过对设备的工作原理的学习更加清晰地掌握装备的原理和维修过程。

学习这些内容，需要读者具有自动控制理论和计算机控制等基础知识。

本书在编写过程中，陆军工程大学石家庄校区火控系统教研室的领导和同志给予了大力支持和帮助，提出过许多宝贵意见，借此机会作者深表谢意。

由于作者的水平有限，加之时间仓促，错误与不足之处在所难免，敬请读者批评指正。

作者

2019年10月

目　　录

第1章 概　　述

防空作战是现代战争的重要组成部分,高炮武器系统是防空作战的主要兵器之一,火控系统是高炮武器系统的核心和控制中枢。

现代高炮武器系统主要用于掩护地面作战分队、指挥所、野战后勤设施、炮兵阵地等战役战术目标的对空安全,或用于保卫机场、港(渡)口、水坝、城市、桥梁等要地战时的对空安全,拦截和击溃低空、近程空袭兵器,包括各种飞机和导弹等。它是陆军、海军和空军地面防空分队装备的主要兵器。

高炮武器系统通常由目标探测系统、火力控制系统(简称火控系统)和火力(发射)系统等组成。高炮火控系统是高炮武器系统的核心装备,集目标探测与火力控制等功能于一体。根据其所完成的功能,现代高炮火控系统被称为高炮武器系统的五官、大脑和中枢神经系统。

不同武器的火控系统虽然作战使命与控制任务不同,但其功能和实现这些功能的分系统却大体相同。应当指出,并不是所有的火控系统都必须具备所有的分系统,但目标跟踪分系统、火控计算分系统、弹道与气象测量分系统、操作控制台和供电分系统是必不可少的。

1. 目标搜索分系统

完成目标搜索任务的装置种类繁多,主要有警戒与搜索雷达、无人侦察飞机、侦察校射雷达、红外预警系统、声测系统、变倍大视场光学观测器材等。

2. 目标跟踪分系统

完成目标跟踪的主要装置有各种跟踪雷达、白光微光电视远红外(热成像)等光学跟踪仪及激光跟踪仪或激光测距仪等。对回波跟踪体制,目标识别靠的是检测回波;对图像跟踪体制,靠的是图像处理技术;目标运动参数的求取主要使用计算机的滤波软件。

3. 火控计算分系统

对集中式火控系统而言,这一分系统一般是一台数字式计算机及火控软件。对分布式火控系统而言,其计算任务将被分解为若干个软件,分散地插入相关的分系统之中。独立的火控计算机有可能不再存在。

4. 武器随动分系统

武器随动系统通常用直流或交流机电随动系统,功率较大时,则采用液压式随动系统。对自行武器,该分系统还应具备武器轴线稳定功能。为提高武器随动系统的快速性及平衡性,有的武器随动系统采用前馈补偿原理,因此,还必须接收射击诸元的一阶导数及二阶导数。

5. 定位定向分系统

自动寻北的主要设备有陀螺寻北仪、磁或电磁寻北仪。如再配以计程仪,即可完成武器定位任务。卫星定位系统的地面接收器可给出武器的地理经纬坐标,如使用其差分工作方式,还可完成自动寻北任务。该分系统是武器协同作战时必不可少的,如仅考虑独立作战且不考虑车辆导航时则不需要定位定向分系统。

6. 载体姿态测量分系统

载体静止状态下,载体相对地面的倾斜角常用倾斜传感器测量。用惯性陀螺仪可很方便地测量出载体的三个旋转角度或角速度,这些量不仅用于射击诸元计算,而且可用于对目标跟踪和对目标射击的稳定控制。

7. 弹道与气象条件测量分系统

各种气象传感器既可分散单独使用,也可组成气象站。弹头初速测量雷达与气象测量雷达则是日益广泛应用的先进的弹道与气象条件检测设备。

8. 脱靶量检测分系统

地炮校射雷达用跟踪弹道末端的弹头轨迹来推算落点,从而计算出脱靶量。对空中活动目标,需要用能同时跟踪目标与弹头的观测器材来检测脱靶量,如相控阵雷达、大视场光电实时成像系统均可完成这一任务。因能实时测量脱靶量,则可构成大闭环火控系统,提高射击精度。

9. 通信分系统

各种有线或无线、模拟或数字式通信装置都能承担通信任务。但是,自行武器与外部交换信息只能采用无线通信方式。数字计算机的局域网通信技术也已进入这一领域。各种机电与数、模变换器件,如自整角机、旋转变压器、数模变换器、模数变换器、轴角编码器等,用于信息类型的自动转换。

10. 初级供电分系统

它主要由汽油或柴油发电机组、储能器件和控制电路构成。对耗电较少的火控系统,也可使用蓄电池供电。

火控系统的构成不是唯一的,需根据武器系统战术技术要求,选择火控系统的技术设备。构成不同档次、不同销售价格的火控系统,以满足不同用户在不同使用环境下的需求。

对非制导武器而言,配备火控系统的目的是提高瞄准、射击目标的快速性与准确性,增强对恶劣战场环境的适应性,以充分发挥武器对目标的毁伤能力。战术制导武器多配备简易火控系统，所配备的火控系统仅使武器轴线概略地对准射击命中点，以改善制导条件，减少制导失效率。最终命中目标，则靠制导系统完成。

对武器控制而言，为保证准确而有效的射击，必须测量一系列的数据，形成一系列的策略。这些数据与策略不仅能用于火力控制，而且也能用于形成作战指挥控制的决策、制导武器的制导和武器运载体的驾驶导航。如果是用于形成作战指挥控制辅助决策，如目标敌我属性的判别、敌目标对我方威胁度的判断、对多目标射击时的火力分配等，则相应的设备应属于指控系统；如果是用于武器线、跟踪线、供弹设备、发射机构、弹头运动参数预置机构的控制，则相应的设备应属于火控系统；如果是用于实时控制弹头飞行，则相应的设备应属于制导系统；如果是用于武器运载体的驾驶，则相应的设备应属于导航系统。可见，火控系统中的某一设备，由于运用目的不同，有可能同时属于几个系统，如雷达所测得的目标航迹数据可能为指控、火控、制导、导航系统所共用。事实上，上述所有分系统中信息的处理、策略的形成都可以在同一台计算机或一个计算机网络上完成。功能齐备、信息共享、结构紧凑的武器综合控制系统已成为发展的必然趋势。而火控系统任何分系统出现故障，都会导致火控系统在解算时获取信息不全而使火控解算无法正常进行或得到错误结果，因此，进行有效的火控系统测试及诊断具有十分重要的作用。

第 2 章　电子测量的基础知识

现代火控系统是以火控计算机系统为核心的复杂电子装备。火控计算机系统是具备一定智能的电子设备，通过不同的方式获取其他部组件的信息，而这些信息的准确性和实时性直接影响了整个火控系统乃至武器系统的性能。因此，各种信息的测量就成为火控系统工作的基本保证。本书从电子测量的基本原理出发，分析各种信息的测量方法及设备，并针对火控系统中的常用信号给出具体的测试方法。

2.1　电子测量

测量是为确定被测对象的量值而进行的实验过程。在这个过程中，人们借助专门的设备，把被测对象直接或间接地与同类已知单位进行比较，取得用数值和单位共同表示的测量结果。

电子测量是测量学的一个重要分支。从广义上说，凡是利用电子技术进行的测量都可以说是电子测量；从狭义上来说，电子测量是指在电子学中测量有关电的量值。由此可见，电子测量的内容相当广泛，即使是在狭义电子测量的范围内，它所涉及的内容通常也应包含以下几个方面：

（1）电能量的测量，如电压、电流、电功率等。

（2）元件和电路参数的测量，如电阻、电容、电感、阻抗、品质因数、电子器件的参数等。

（3）电信号的特性的测量，如信号的波形和失真度、频率、相位、调制度等。

（4）电子电路性能的测量，如放大倍数、衰减量、灵敏度、噪声指数等。

（5）特性曲线显示，如幅频特性、相频特性曲线等。

与其他测量相比，电子测量具有以下几个明显的特点：

（1）测量频率范围宽。

（2）电子测量仪器的量程广。

（3）电子测量准确度高。

（4）测量速度快。

（5）易于实现遥测和长期不间断的测量。

（6）易于实现测量过程的自动化和测量仪器的智能化。

用于检测或测量一个量或为测量目的供给一个量的器具称为测量仪器，包括各种指示仪器、比较式仪器、记录式仪器、信号源和传感器等。利用电子技术测量电量或非电量的测量仪器称为电子测量仪器。

电子测量仪器种类繁多，一般可分为专用仪器和通用仪器两大类。前者是指为某一个或几个专门目的而设计的电子测量仪器，如电视彩色信号发生器。后者是指为测量某一个或几个电参数而设计的电子测量仪器，它们能用于多种电子测量，如电子示波器。火控系统测试过程中，通常是在通用仪器的基础上，配合专用仪器完成特定信号的测试。

为实现测量目的，正确选择测量方法是极其重要的，它直接关系到测量工作能否正常进行和测量结果的有效性。测量方法的分类方法大致有以下几种。

1. 按测量性质分类

有时域测量、频域测量、数字域测量和随机量测量四种。

1）时域测量

测量与时间有函数关系的量。如电压、电流等，它们的稳态值和有效值多用仪表直接测量，而它们的瞬时值可通过示波器显示其波形，以便观察其随时间变化的规律。

2）频域测量

测量与频率有函数关系的量。如电路增益、相移等，可以通过分析电路的幅频和相频特性或频谱特性等进行测量。

3）数字域测量

对数字逻辑量进行测量。如用逻辑分析仪可以同时观测许多单次并行的数据。对于计算机的地址线、数据线上的信号，既可显示其时序波形，也可用“1”“0”显示其逻辑状态。

4）随机量测量

主要是指对各种噪声、干扰信号等随机量的测量。

2. 按测量手段分类

有直接测量、非直接式测量和零示法三种。

1）直接测量

直接测量用于保证测量结果与校验标准一致。在直接测量中，测量者直接测到的量值就是它最终所需要的被测量的值。测量过程主要是一个直接的比较过程。例如，为了修正一段电缆的长度，就需要使用一根标尺去衡量它，并将多余部分切掉。假设需要保证电缆长度为90.0cm。校验者须将标尺贴近电缆，将标尺零点对准电缆的一端，并在紧靠 90.0cm 刻度的位置上做个标记，于是便可切出准确的长度，如图 2-1 所示。

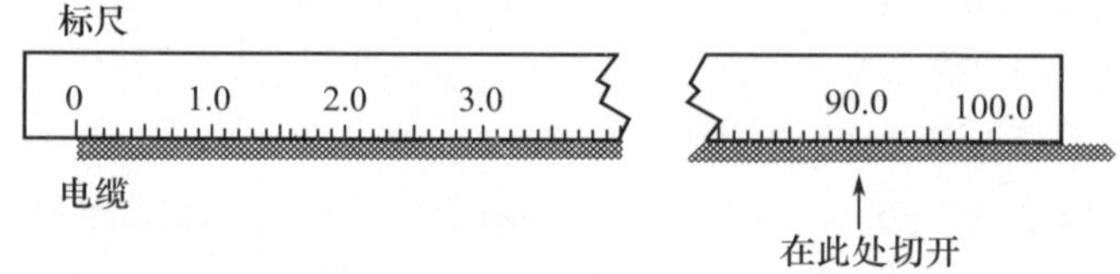

图 2-1　直接测量法

2）非直接式测量

非直接式测量法是指直接测量的并不是实验者最终想要得到的量值（例如，以孔板为截流装置测量充满管道的蒸汽的质量流量，实验者直接测量到的是孔板上、下游的蒸汽压差，下游的绝对压力和下游的蒸汽温度），而是以这些量值为基础，参照蒸汽密度和孔板、导管金属材料在不同温度下密度、膨胀系数的变化规律等条件进行温度补偿，最后以经典公式为基础并运用迭代方法计算出当前条件下通过截流装置的蒸汽质量流量，如图 2-2 所示。

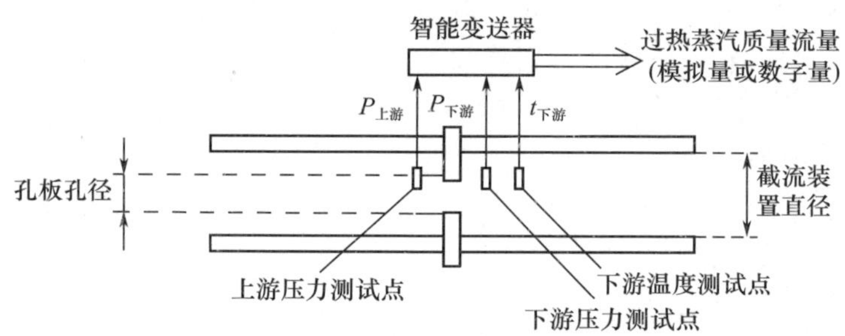

图 2-2　充满管道的过热蒸汽的质量流量间接测量法

3）零示法（调零测试）

零示法的基本过程是：将一个校对好的基准源与未知的被测量进行比较，并调节其中一个，使两个量值之差达到零值。这样，从基准源的读数便可以得知被测量的值。

以测量一个未知电压值为例。在测试中需要使用一个电位计，它有一个可调输出，一个经过校准的电压源和一个比较器（零点位于刻度盘中心的电流计，Zero Center Galvanometer，ZCG），如图 2-3 所示。电位计输出的基准电压被送到 ZCG 的一个输入端，而未知的待测电压被接到 ZCG 的另一个输入端。调节电位计，使 ZCG 的指针对准零点。在这样的零条件下，电位计被设置的输出值就应等于被测量的未知电压值。

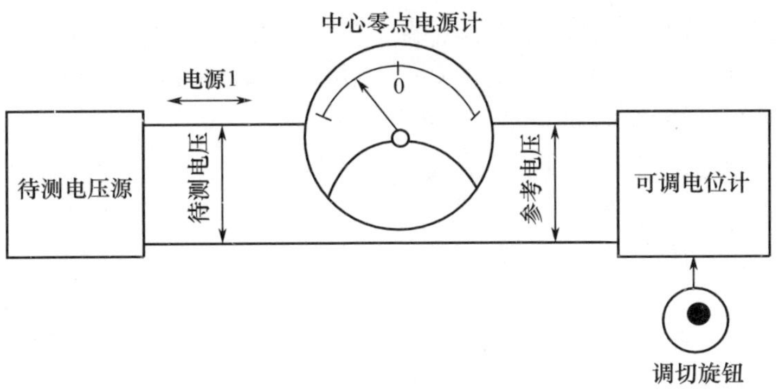

图 2-3 零示法测未知电压

现代科学从信息过程的角度出发，将被研究的对象看成是系统或过程。现代测量领域也将测量的软、硬件配置及其全部工作看成是一个系统或过程，其中各个重要环节都有其自身的动态特性。这些动态特性大都可以用传递函数来描述。

2.1.1 电子测量系统的组成

一个典型的电子测量系统如图 2-4 所示。它由如下主要环节组成：

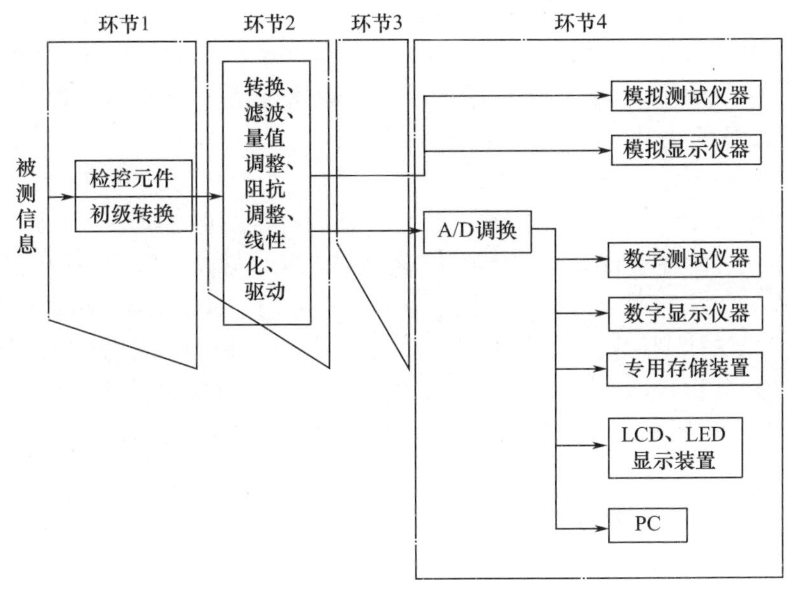

图 2-4 电子测量系统基本结构

1. 信息检测及初级转换(环节 1)

在此环节中,被测量(Quantity Under Measurement,QUM)由传感器检测,经输入转换器件转换成有用的电量(如电压、电流)。

2. 信息的转换、滤波、调整及驱动(环节 2)

传感器输出的物理量被送至环节 2。在这里大致要对其进行如下处理:

(1) 信息转换。将传感器的输出信息从一种能量系统转换到另一种能量系统,使之具有便于处理的形式。

(2) 信息放大与滤波。将信息加强,并削弱噪声,从而提高信号/噪声比,而且使信息强度与标尺的满量程取得一致,以保证精度要求。

(3) 阻抗调整。提供一个与下一环节相匹配的阻抗(一般是较低的)。

(4) 传输驱动。将信号能量加强到能够按所需要的距离进行传输的强度,并将其以所需要的标准形式发送到传输线上。

3. 信息/信号转换及传输(环节 3)

上述经过调整的物理量一般已成为标准的模拟信号(0(或 1) ~5V 直流电压或者 0(或 4) ~20mA 直流电流)。在环节 3 中的信息转换及传输方式,目前主要有 3 种:

(1) 直接送往模拟式仪器(如模拟示波器)的输入端进行测试。

(2) 经 A/D 转换器件转换成二进制数字信号,并经过适当的适配转换,按照国际标准串行通信协议(如 RS-232 协议、CAN 总线等)送往现场总线。

(3) 以类似于"(2)"的方式,经专线(电力线、光缆、无线电等)送往 PC。

4. 信号的处理与使用(环节 4)

除标准模拟信号直接供模拟式仪器作分析、处理和/或显示外,经上述"环节 1" ~"环节 3"处理后送出的数字信号可直接送专用存储器进行存储,可直接送往数字式显示器进行显示,可经简单转换(如 BCD 转换,即二进制至十进制的数制转换)后,由数码管(LED)或液晶显示器(LCD)以十进制数字形式显示,更多的情况是送往 PC 或各种专用的数字式仪器进行处理(如数字滤波)、分析(如频谱和波形分析)和计算(如按经典计算公式计算出间接的目标测量值),然后存储和显示等,还可以在处理计算之后转换成模拟或数字式的控制命令信号。

2.2 电基本参数测量

2.2.1 频率测量

在我们的生活中,周期性现象十分普遍,如各种周而复始的旋转运动、往复运动、各种传感器和测量电路变换后的周期性脉冲等。周期性过程重复出现一次所需要的时间称为“周期”，记为 T（单位是 s）；单位时间内周期性过程重复出现的次数称为“频率”，记为 f（单位是 Hz）。周期与频率互为倒数关系：

$$f = \frac{1}{T} \tag{2-1}$$

因此，f 和 T 只要测出其中一个，便可取倒数而求得另一个。

在电子测量中，频率是一个最基本的参数，而且频率的测量精确度是最高的。在检测技术中，常常将一些非电量或其他电参量转换成频率进行测量，以提高测量的精度，因此频率（周期）的测量十分普遍而且非常重要。

2.2.1.1 频率（周期）的数字测量

频率的测量方法可分为模拟法和计数法两类。计数法具有测量精度高、速度快、操作简便，直接显示数字，便于与微机结合实现测量过程自动化等一系列突出优点，是目前最好的测频方法。模拟法因为简单经济，有些场合仍然采用。

1. 计数法测量的基本原理

计数法就是在一定的时间间隔 T 内，对周期性脉冲的重复次数进行计数。若周期性脉冲的周期为 T_A，则计数结果为

$$N = \frac{T}{T_A} \tag{2-2}$$

计数法原理框图如图 2-5 所示，其工作波形如图 2-6 所示，周期为 T_A 的脉冲①加到闸门的输入端，宽度为 T 的门控信号②加到闸门的控制端控制闸门的开、闭时间，只有在闸门开通时间 T 内闸门才输出计数脉冲③到十进制计数器进行计数。在闸门打开前计数器先清零，闸门关闭时，计数器的计数值 N 便依式（2-2）由 T 和 T_A 决定。如果 T（或 T_A）为已知标准量，T_A（或 T）为未知待测量，那么由计数值 N 和已知标准量 T（或 T_A）便可求得未知被测量 T_A（或 T）。

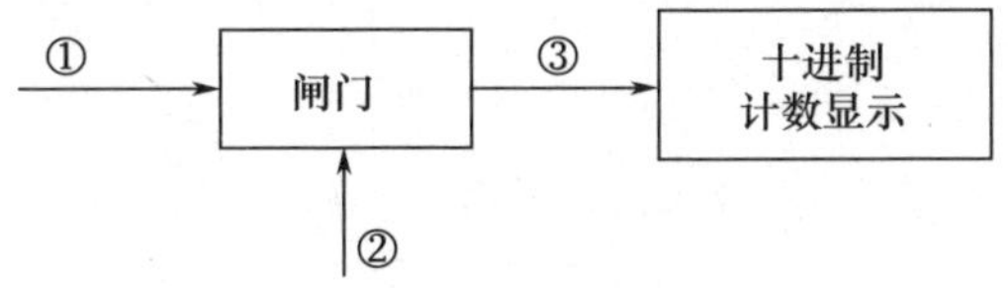

图 2-5 计数法原理框图

由于 T 和 T_A 两个量中一个是已知标准量，另一个是未知被测量，它们是不相关的，不一定正好是 T_A 的整数 N 倍，即 T_A 与 NT_A 之间有一定误差，如图 2-6 所示。图中 Δt_1 是闸门开启时刻至第一个计数脉冲前沿的时间（假设计数脉冲前沿使计数器翻转计数），Δt_2 是闸门开闭时刻至下一个计数脉冲前沿的时间。处在 T 区间内计数脉冲个数（即计数器计数结果）为 N，如图 2-6 所示。

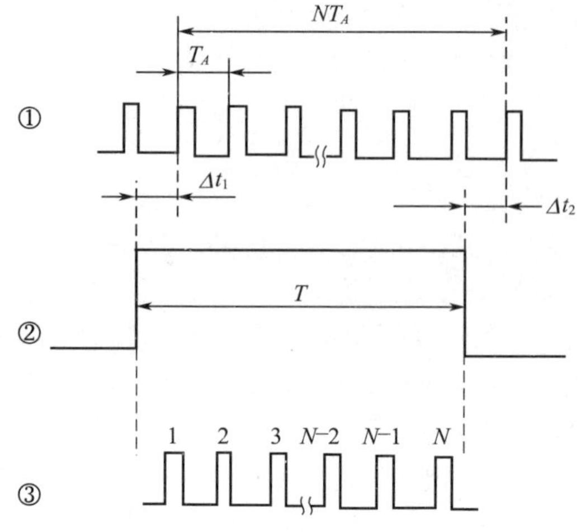

图 2-6 计数法的量化误差

$$
\begin{aligned}
T &= NT_A + \Delta t_1 - \Delta t_2 \\
&= \left[N + \frac{\Delta t_1 - \Delta t_2}{T_A} \right] T_A \qquad (2-3) \\
&= [N + \Delta N] T_A
\end{aligned}
$$

$$
\Delta N = \frac{\Delta t_1 - \Delta t_2}{T_A} \qquad (2-4)
$$

很显然，$0 \leqslant \Delta t_1 \leqslant T_A$，$0 \leqslant \Delta t_2 \leqslant T_A$。若 $\Delta t_1 = \Delta t_2$，则 $\Delta N = 0$；若 $\Delta t_1 = T_A$，$\Delta t_2 = 0$，则 $\Delta N = 1$；若 $\Delta t_1 = 0$，$\Delta t_2 = T_A$，则 $\Delta N = -1$，因此脉冲计数的最大绝对误差（又称量化误差）为

$$
\Delta N = \pm 1 \qquad (2-5)
$$

脉冲计数最大相对误差为

$$
\frac{\Delta N}{N} = \pm \frac{1}{N} = \pm \frac{T_A}{T} \qquad (2-6)
$$

2. 通用计数器的基本组成和工作方式

目前，绝大多数实验室用的电子计数器都具有测量频率（测频）和测量周期（测周）等两种以上的测量功能，故统称“通用计数器”。通用计数器的基本组成如图 2-7 所示。

图 2-7 中整形器是将频率为 f_A（或 f_B）的正弦信号整形为周期为 $T_A = 1/f_A$（或 $T_B = 1/f_B$）的脉冲信号。门控电路是将周期为 mT_B（f_B 经 m 分频）的脉冲变为闸门时间为 $T = mT_B$ 的门控信号，将 $T = mT_B$ 代入式（2-2）可得十进制计数器的计数结果为

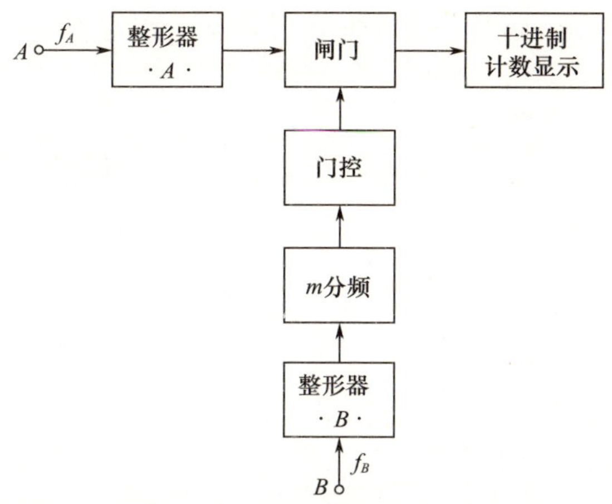

图 2-7　通用计数器基本组成

$$N=\frac{mT_B}{T_A}=\frac{mf_A}{f_B} \tag{2-7}$$

由式(2-8)可见，图 2-7 中计数结果 N 与 A、B 两输入所加的信号频率的比值 f_A/f_B 成正比，因此图 2-7 所示计数器可用于频率比的测量，即工作在“频率比测量”方式。

若将被测信号 f_x 接到图 2-7 中 A 输入端（即 $f_A=f_x$），晶振标准频率 f_c 信号接到 B 输入端（即 $f_B=f_c$），则称计数器工作在“测频”方式，此时式(2-6)变为

$$N=\frac{mf_x}{f_c} \tag{2-8}$$

$$f_x=\frac{Nf_c}{m} \tag{2-9}$$

若将被测信号 f_x 接到图 2-7 中 B 输入端（即 $f_B=f_x$），晶振标准频率 f_c 信号接到 A 输入端（即 $f_A=f_c$），则称计数器工作在“测周”方式，此时式(2-6)变为

$$N=\frac{mf_c}{f_x}=mf_cT_x \tag{2-10}$$

$$T_x=\frac{N}{mf_c} \tag{2-11}$$

3. 噪声干扰产生的触发误差

图 2-7 中整形器通常采用施密特触发器。在不存在噪声干扰的情况下，施密特触发器将输入正弦波整形为脉冲方波，输出的过程如图 2-8 所示。图中 U_A、U_B分别为触发器的上、下触发电平，二者之差称为“触发窗”（Trigger Window）或“滞后带”（Hysteresis Band）。由图 2-8 可见，若无噪声干扰，则输出脉

冲的重复周期等于输入正弦信号周期，且脉冲宽度也为定值。

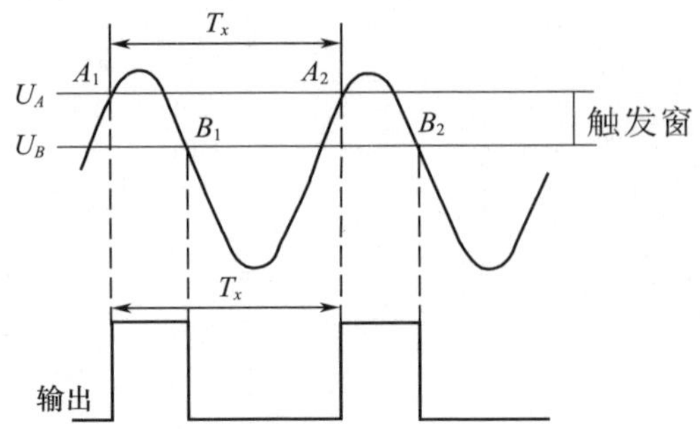

图 2-8　施密特触发器的整形过程

图 2-8 电路工作于“测频”时，若被测信号上叠加了很大的噪声干扰，则整形器 A（施密特触发器）的工作情况将如图 2-9（a）所示，每个周期信号与触发窗相交的次数将多于两次，即产生额外的触发，这时图 2-7 中计数器就会产生额外计数。为了消除噪声干扰引起的计数误差，可将信号通道增益调小，这样使叠加在信号上的噪声幅度也同时减小，使得噪声幅度小于触发窗宽度，如图 2-9（b）所示。在这种情况下，每一个周期内信号与触发窗相交两次（图中 A、B 两点），即不发生额外触发。

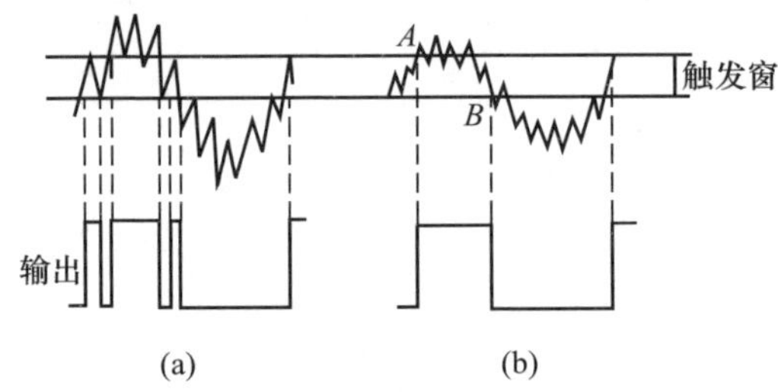

图 2-9　噪声干扰引起的计数误差

（a）由于噪声干扰引起的计数误差；（b）衰减受噪声干扰的波形使每个周期信号与滞后带相交两次（A、B）。

正确选择触发窗相对于被测信号的位置，也可消除噪声干扰引起的计数误差。图 2-10 示出了两个例子，图 2-10 中左边两图表示触发窗设置错误将产生额外的触发导致测频计数误差，右边两图表示触发窗设置正确可避免额外触发因而消除干扰引起的测频计数误差。

图 2-7 电路工作于“测周”时，若被测信号上叠加了很大噪声干扰，整形器 B（施密特触发器）的工作情况如图 2-11 所示。图中表示整形器 B 输入 $m=10$

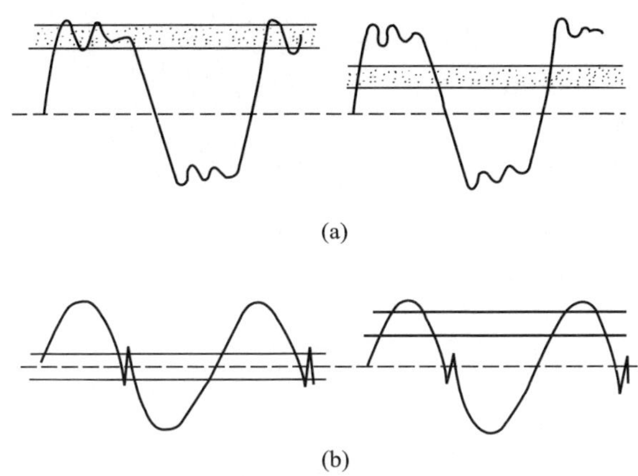

图 2-10　调整触发电平的错误和正确例子

(a)振铃的方波；(b)受脉冲尖峰干扰的正弦波。

个正弦波时，若无干扰，则输出 10 个方波的长度正好为 $mT_x=10T_x$；若有干扰影响，第一个方波前沿时刻将产生 ΔT_1 触发误差，第 $m+1$ 个方波前沿时刻将产生 ΔT_2 触发误差。由于干扰是随机的，所以 ΔT_1 与 ΔT_2 都属于随机误差，应按 $\Delta T_n=\sqrt{(\Delta T_1)^2+(\Delta T_2)^2}$ 来合成，因此有干扰影响时，整形器 B 输出的 m 个方波的总长度为

$$T'=mT_x+\Delta T_n$$

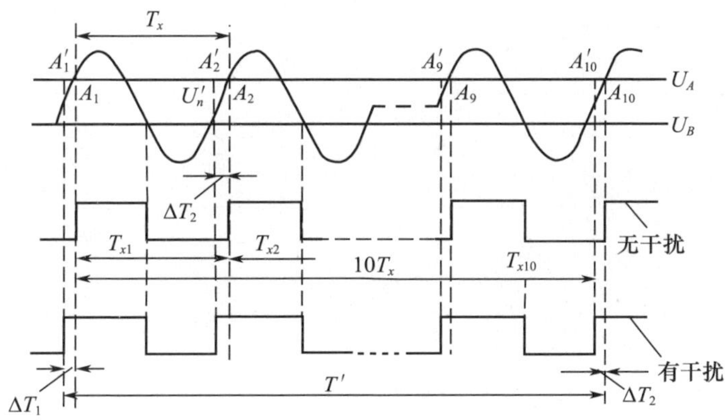

图 2-11　多周期测量可减小转换误差

因为这 m 个方波的总长度也就是图 2-7“测周”时门控电路产生的门控信号的宽度即闸门开通时间长度。所以噪声干扰产生的触发误差将导致“测周”时闸门时间 $T=mT_x$ 产生 $\pm\Delta T_n$ 的误差。如果再加上 T_x 的误差 ΔT_x，则闸门时

间为

$$T'' = m(T_x + \Delta T_x) \pm \Delta T_n$$

闸门时间误差为

$$\Delta T = T'' - T' = [m(T_x + \Delta T_x) \pm \Delta T_n] - mT_x = m\Delta T_x \pm \Delta T_n$$

闸门时间相对误差为

$$\frac{\Delta T}{T} = \frac{m\Delta T_x \pm \Delta T_n}{mT_x} = \frac{\Delta T_x}{T_x} \pm \frac{\Delta T_n}{mT_x} \tag{2-12}$$

“测周”时,晶振标准频率 f_c 信号接到图 2-7 电路的 A 输入端,故计数结果为

$$N = \frac{T}{T_c}$$

由上式可得 N、T、T_c,三者相对误差的关系为

$$\frac{\Delta T}{T} = \frac{\Delta N}{N} + \frac{\Delta T_c}{T_c}$$

将式(2-12)代入上式可得

$$\frac{\Delta T_x}{T_x} = \frac{\Delta N}{N} \mp \frac{\Delta T_n}{mT_x} + \frac{\Delta T_c}{T_c} = \frac{1}{N} \mp \frac{\Delta T_n}{mT_x} - \frac{\Delta f_c}{f_c}$$

将式(2-11)代入上式可得“测周”的最大相对测量误差为

$$\frac{\Delta T_x}{T_x} = \pm\left(\frac{f_x}{mf_c} + \frac{\Delta T_n}{mT_x} + \left|\frac{\Delta f_c}{f_c}\right|\right) \tag{2-13}$$

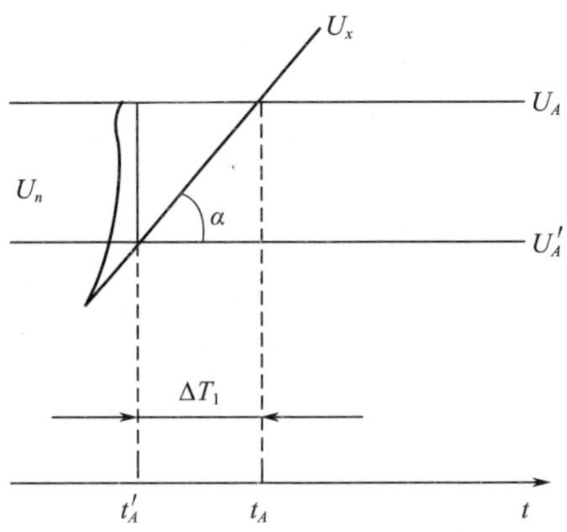

图 2-12　触发误差的分析

可见,总相对误差包括式(2-13)右边的 3 项,分别称为量化误差、触发误差和标准频率误差,其中触发误差是由噪声干扰引起的测量误差。

下面专门对 ΔT_n 进行研究。我们把图 2-11 中第一个脉冲前沿时刻产生误差的情况示于图 2-12。设整形器正弦信号为

$$U_x = U_m \sin\omega_x t$$

施密特触发器(整形器)上触发电平为 U_A,若无噪声干扰,则脉冲前沿时刻应位于 $t=t_A$ 处,若在 $U_x = U'_A$ 时叠加一幅度为 U_n 的干扰,使 $U'_A + U_n \geqslant U_A$,则施密特触发器将提前触发,于是脉冲前沿时刻将提前到 $t=t'_A$ 处,误差 $\Delta T_1 = t_A - t'_A$,由图可见

$$\Delta T_1 = \frac{U_n}{S} \tag{2-14}$$

其中 U_x 曲线斜率 $S = \tan\alpha = \frac{\mathrm{d}U_x}{\mathrm{d}t}\Big|_{U_x=U'_A} = \omega_x U_m \cos\omega_x t'_A = \frac{2\pi}{T_x} U_m \sqrt{1-\left(\frac{U'_A}{U_m}\right)^2}$,由式(2-14)可见,为使误差 ΔT_1 最小,应使斜率 $\tan\alpha$ 最大,故施密特触发器一般选取过零触发,即取 $U_A=0$,又因 $U_n \ll U_m$,故有

$$S = \tan\alpha \approx \frac{2\pi}{T_x} U_m \tag{2-15}$$

因此

$$\Delta T_1 \approx \frac{T_x}{2\pi} \cdot \frac{U_n}{U_m}$$

同理,图 2-11 中第 $m+1$ 个脉冲前沿时刻也可能因干扰 U_n 而产生误差 ΔT_2。

$$\Delta T_2 \approx \frac{T_x}{2\pi} \cdot \frac{U_n}{U_m}$$

因 ΔT_1 与 ΔT_2 都为随机误差,故式(2-12)中 ΔT_n 为

$$\Delta T_n \approx \sqrt{(\Delta T_1)^2 + (\Delta T_2)^2} = \frac{T_x}{\sqrt{2}\pi} \cdot \frac{U_n}{U_m} \tag{2-16}$$

将式(2-16)代入式(2-13)得"测周"的最大总相对误差为

$$\frac{\Delta T_x}{T_x} = \pm\left(\frac{f_x}{mf_c} + \frac{1}{\sqrt{2}\pi m} \cdot \frac{U_n}{U_m} + \left|\frac{\Delta f_c}{f_c}\right|\right) \tag{2-17}$$

由式(2-17)第二项可见,噪声幅度 U_n 越大,信噪比 U_n/U_m 越小,分频系数 m 越小,噪声干扰引起的触发误差就越大,因此应尽可能提高信噪比 U_m/U_n 和选用高的分频系数 m。

2.2.1.2 频率的模拟测量

1. 直读法测频

1) 电桥法测频

电桥法测频是利用交流电桥的平衡条件和电桥电源频率有关这一特性来测

频，如图 2-13 所示。被测频率 f_x 信号加在图中变压器初级绕组两端，图中 PA 为指示电桥平衡的检流计。该交流电桥平衡条件为

$$\left(R_1+\frac{1}{\mathrm{j}\omega_x C_1}\right)\left(\frac{1}{R_2}+\frac{1}{\mathrm{j}\omega_x C_2}\right)=\frac{R_3}{R_4}$$

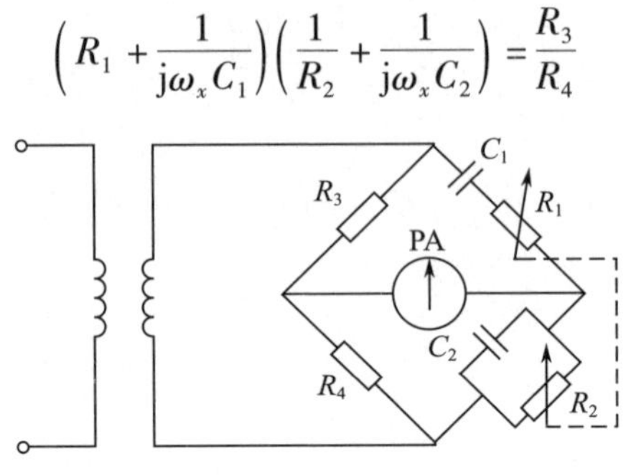

图 2-13　电桥测频原理

令上式左端实部等于 R_3/R_4，虚部等于 0，得该电桥平衡的两个条件为

$$\begin{cases}\dfrac{R_1}{R_2}+\dfrac{C_2}{C_1}=\dfrac{R_3}{R_4}\\[2ex] R_1\omega_x C_2-\dfrac{1}{R_2\omega_x C_1}=0\end{cases}$$

若取 $R_1=R_2=R, C_1=C_2=C$，则平衡条件为

$$\begin{cases}R_3=2R_4\\[1ex] f_x=\dfrac{2\pi}{RC}\end{cases}\tag{2-18}$$

因此，图 2-13 所示电桥在 $R_3=2R_4$ 条件下，调节 R（或 C）可使电桥对被测信号频率 f_x 达到平衡（检流式指示最小）。在电桥面板上可变电阻（或电容）调节旋钮（度盘）如果按频率刻度，测试者便可从刻度上直接读得被测信号频率 f_x。

这种电桥测频的精度取决于电桥中各元件的精确度、判断电桥平衡的准确度（检流计的灵敏度及人眼观察误差）和被测信号的频谱纯度。它能达到的测频精确度为 ±(0.5%~1%)。在高频时，由于寄生参数影响严重，会使测量精确度大大下降，所以这种电桥测频法仅适用于 10kHz 以下的声频范围。

2）谐振法测频

谐振法就是利用电感、电容串联谐振回路或并联谐振回路的谐振特性来实现测频，如图 2-14 所示。图中 R_L、R_C 为实际电感、电容的等效损耗电阻，被测频率 f_x 信号加到图中变压器初级绕组，调节电容 C。当图 2-14(a) 串联谐振电路达到谐振时，电流表将指示最大值，此时有

$$f_x = \frac{1}{2\pi\sqrt{LC}} \tag{2-19}$$

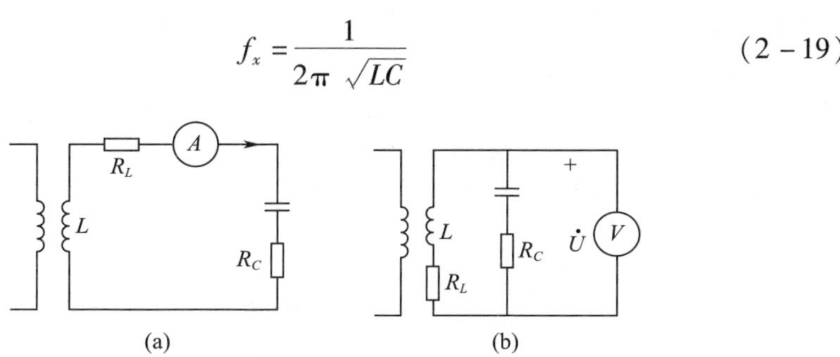

图 2-14 谐波法测频原理电路

当图 2-14(b)并联谐振电路达到谐振时,电压表将指示最大值,此时有

$$f_x \approx \frac{1}{2\pi\sqrt{LC}} \tag{2-20}$$

如果电容的调节度盘按谐振频率刻度,则测试者便可直接从该刻度读出被测频率值。

这种测频方法的测频误差主要由以下几方面原因造成:

(1) 实际电感、电容的损耗越大,回路品质因数越低,谐振曲线越钝,越不容易找出真正的谐振点。

(2) 面板上的频率刻度是在规定的标定条件下刻度的。当环境温度、湿度等因素变化时,将使电感、电容实际值发生变化,从而使回路固有频率发生变化,也就造成了测量误差。

(3) 通常用改变电感的办法来改变频段,用可变电容作频率细调。由于频率刻度不能分得无限细,人眼读数常常有一定误差。

综合以上因素,谐振法测量频率的误差在 ±(0.25% ~1%)范围内,常作为频率粗测或某些仪器的附属测频部件。

3) 频率(电压($f-V$))转换法测频

频率转换法测频原理如图 2-15 所示。脉冲形成电路把频率为 f_x 的正弦信号 u_x 转换为周期与之相等的尖脉冲 u_A,该尖脉冲加入单稳多谐振荡器,产生周期为 T_x,宽度为定值 τ,幅度为定值 U_m 的矩形脉冲列 u_B,如图 2-15(b)所示。u_B 的平均值即直流分量为

$$U_0 = \bar{u}_B = \frac{U_m \cdot \tau \cdot f_x}{T_x} \tag{2-21}$$

用低通滤波器滤除 u_B 的全部交流分量。输出的直流电压用电压表指示,如果电压表表盘依照式(2-19)按频率刻度,则从电压表指针所指刻度便可直接

读出被测频率 f_x。

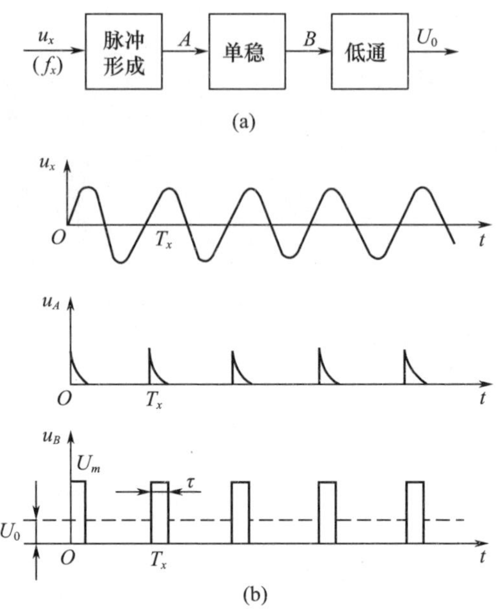

图 2-15　f-V 转换法测量频率

这种 f-V 转换式频率计最高测量频率可达几兆赫。测量误差主要来源于 u_m、τ 的稳定度以及电压表的误差,一般为百分之几。可以连续监视频率的变化是这种测量法的突出优点。

2. 比较法测频

比较法测频就是用标准频率 f_c 与被测频率 f_x 进行比较,当把标准频率调节到与被测频率相等时指零仪表(零示器)便指 0,此时的标准频率值即被测频率值。比较法测频可分为拍频法测频与差频法测频两种。前者是将待测频率信号与标准频率信号在线性元件上叠加产生拍频。后者是将待测频率信号与标准频率信号在非线性元件上进行混频。目前拍频法测量频率的绝对误差约为零点几赫,差频法测量频率的误差可优于 10^{-5} 量级,最低可测信号电平达 0.1 ~ 1μV。

3. 示波器测量频率

用示波器测量频率有两种方法:一种是将被测信号和标准频率信号加到示波器的 Y 通道,在荧光屏上测量被测信号的周期。另一种是将被测信号分别加到示波器的 X 通道和 Y 通道,观测荧光屏上显示的李沙育图形。

2.2.1.3　时间间隔的数字测量

1. 测量原理

时间间隔的测量原理框图如图 2-16 所示。两个独立的输入通道(A 和 B)

可分别设置触发电平和触发极性(触发沿)。输入通道 A 用来形成起始脉冲①,开通主门(闸门),使十进制计数器从 0 开始对时标计数,输入通道 B 用来形成终止脉冲②,关闭主门,使十进制计数器停止计数。若起始时刻与终止时刻之间的时间间隔即门控信号③的宽度(闸门时间)为 t_x,选用时标周期为 T_c(T_c = 1μs,10μs,…,10s 分挡可选),则计数结果为

$$N=\frac{t_x}{T_c}=t_x\cdot f_c \tag{2-22}$$

将式(2-22)与式(2-11)对比可见,时间间隔的测量相当于分频系数$m=1$的周期 T_x 的测量情况。测时间间隔不能像测周期那样把被测信号分频即周期扩大 m 倍来减小量化误差。一般来说,测量时间间隔的误差,比测周期时大。

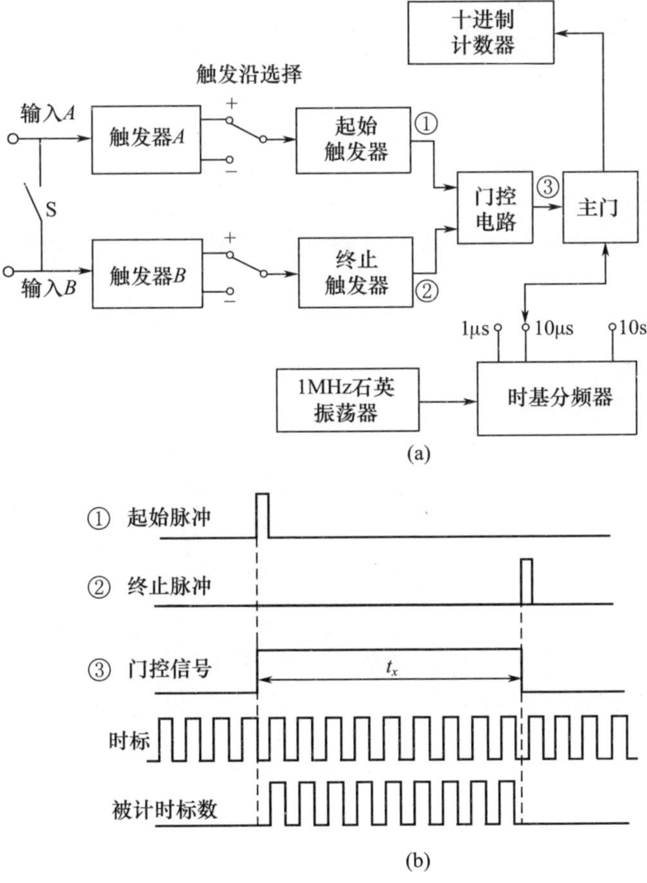

图 2-16 时间间隔测量原理

(a)组成方框图;(b)工作波形图。

如果需要测量如图 2－17(a)所示两个输入信号 u_1 和 u_2 的时间间隔 t_g。可将 u_1 和 u_2 两个信号分别加到图 2－16 的 A、B 通道，把图中开关 S 断开，触发器 A 触发电平置于 U_1，触发沿选“＋”，触发器 B 触发电平置于 U_2，触发沿也选“＋”。这样得到的计数结果 $N = t_g/t_c$，即代表时间间隔 $t_g = Nt_c$。

若需要测量如图 2－17(b)所示某一信号上任意两点之间的时间间隔，则可将该信号加到图 2－16 的 A、B 通道，把图中开关 S 闭合，触发器 A、B 的触发沿都选“＋”，触发电平分别置于 U_1 和 U_2。

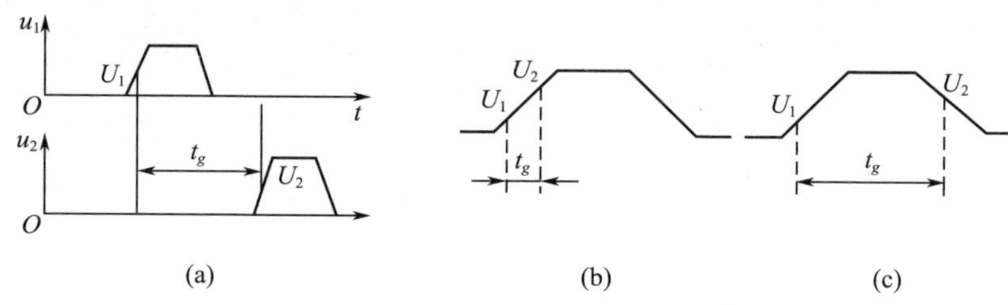

图 2－17　时间间隔和测量

若需要测量如图 2－17(c)所示脉冲宽度，则可将该信号加到图 2－16 的 A、B 通道，把图中开关 S 闭合，触发器 A 的触发电平置于 U_1，触发沿选“＋”，触发器 B 的触发电平置于 U_2，触发沿选“－”，通常脉冲宽度定义为 $U_1 = U_2 = \frac{1}{2}U_m$（$U_m$ 为脉冲幅度）。

2. 测量误差与测量范围

测量时间间隔的误差分析与测量周期的误差分析相似，这里不再重复。将测量周期的误差分析结果式(2－17)，取 $m = 1$ 即可得到计数法测量时间间隔的最大相对误差。

$$\frac{\Delta t_x}{t_x} = \pm\left(\frac{1}{t_x f_c} + \frac{1}{\sqrt{2}\pi} \cdot \frac{U_n}{U_m} + \left|\frac{\Delta f_c}{f_c}\right|\right) \qquad (2-23)$$

式(2－23)右边 3 项分别称为量化误差、触发误差、标准频率误差。

若不考虑触发误差，则由式(2－23)取 $m = 1$ 可得时间间隔的测量范围为

$$\frac{T_c}{\gamma} \leqslant t_x \leqslant N_{\max} \cdot T_c \qquad (2-24)$$

由图 2－17 可见，在测量时间间隔时，被测信号不一定是正弦波，触发电平也不一定是零电平。在这种情况下，原来按照正弦波输入零电平触发，由式(2－15)导出的式(2－23)中右边第 2 项即噪声引起的触发误差，就需要进行修正了。

设图 2－17 中触发电平 U_1 和 U_2 处信号斜率分别为 S_1 和 S_2，若在两触发电平处存在幅度为 U_n 的干扰，则这些随机干扰引起的触发误差为

$$\Delta t_n = \sqrt{(\Delta t_1)^2 + (\Delta t_2)^2} = \sqrt{\left(\frac{U_n}{S_1}\right)^2 + \left(\frac{U_n}{S_2}\right)^2}$$

由此引起的相对测量误差为

$$\frac{\Delta t_n}{t_x} = \frac{U_n}{\sqrt{(S_1)^2 + (S_2)^2}} \cdot \frac{1}{t_x} \tag{2-25}$$

在测量时间间隔时，除了由噪声干扰引起的上述触发误差外，由于施密特触发电路的滞后也会产生误差，称为“触发滞后误差”（Trigger Hysteresis Error）。以测量脉冲宽度为例，由图 2－18（a）可见，由于触发电路存在滞后，电路不是在标称触发电平 A 点（50% 脉冲幅度）产生触发，而是在上触发电平 U_B（A'点）产生触发；同样，在下降沿上，电路不是在 B 点翻回而是在下触发电平 U_B'（B′点）上翻回，故测得脉冲宽度为 τ_2，而不是所定义的脉冲宽度 τ_1。从图 2－18（a）不难求得触发滞后误差。

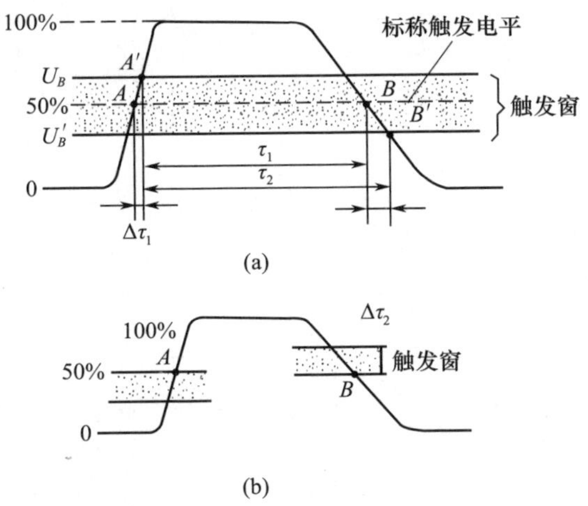

图 2－18　触发滞后误差及其补偿

（a）触发滞后误差；（b）触发滞后误差的补偿。

$$\Delta\tau = \tau_2 - \tau_1 = \Delta\tau_2 - \Delta\tau_1 = \frac{\Delta U_B}{2S_2} - \frac{\Delta U_B}{2S_1} \tag{2-26}$$

式中：ΔU_B 为触发窗宽度，$\Delta U_B = U_B - U_B'$；S_1、S_2 分别为上升沿斜率、下降沿斜率。

在时间间隔计数器内部装有补偿网络，借助于移动触发窗的方法，可自动消除触发滞后误差。从图 2－18（b）可见，对正斜率（上升沿），将触发窗往下移半个窗口宽度，而对负斜率（下降沿），将触发窗向上移半个窗口宽度，则触发点 A

和 B 正好处在 50% 脉冲幅度上。

如果不考虑上述触发滞后误差，对于被测信号不是正弦波，触发电平也不是零电平的情况，时间间隔的测量最大相对误差式(2－39)应修正为

$$\frac{\Delta t_x}{t_x} = \pm\left(\frac{1}{t_x f_c} + \frac{U_n}{\sqrt{(S_1)^2 + (S_2)^2}} + \left|\frac{\Delta f_c}{f_c}\right|\right) \qquad (2-27)$$

2.2.2 相位差的数字测量

测量相位差的方法很多，主要有：用示波器测量（这种方法简便易行，但测量准确度低）；与标准移相器相比较（零示法）；把相位差转换为时间间隔来测量；把相位差转换为电压来测量等。

1. 相位—电压转换法

相位—电压转换式数字相位计的原理框图如图 2－19(a)所示。其各点波形如图 2－19(b)所示。

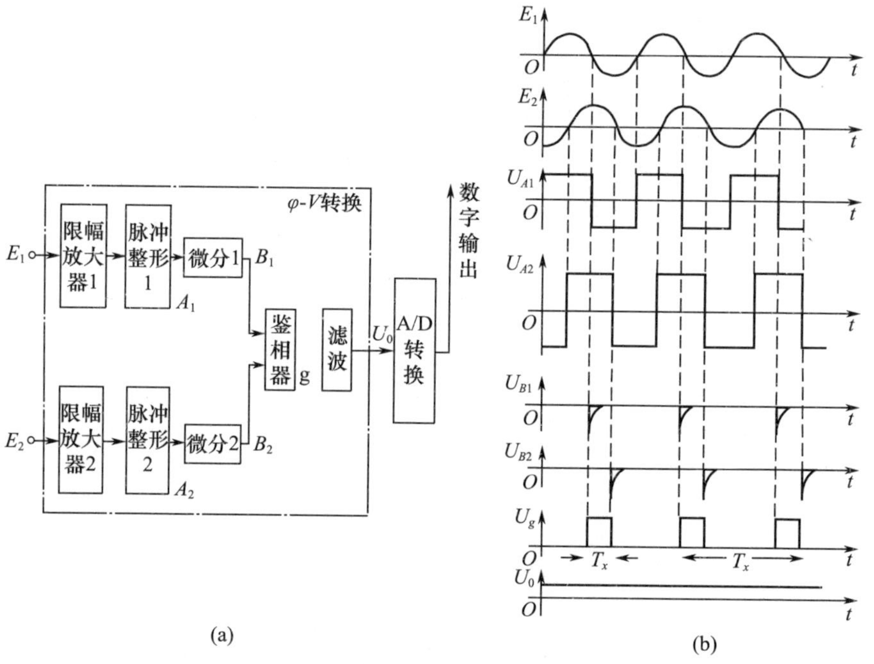

图 2－19　相位—电压转换式数字相位计原理图
(a)原理框图；(b)转换波形图。

E_1 和 E_2 为频率相同、相位差 φ_x 的两个被测正弦信号，经限幅放大和脉冲整形后变成两个方波，再经微分得到两个对应被测信号负向过零瞬间的尖脉冲，鉴

相器为非饱和型高速双稳态电路，被这两组负脉冲所触发，输出周期为 T，宽度为 T_x 的方波，若方波幅度为 U_g，则此方波的平均值即直流分量为

$$U_0 = U_g \frac{T_x}{T} \tag{2-28}$$

因此，用低通滤波器将方波中的基波和谐波分量全部滤除后，输出电压即为直流电压 U_0，式(2-44)中 T 为被测信号的周期，T_x 由两信号的相位差 φ_x 决定，即

$$\frac{T_x}{T} = \frac{\varphi_x}{360°} \tag{2-29}$$

因为正弦信号 $E_2 = U_m \sin\omega(t - T_x)$ 比正弦信号 $E_1 = U_m \sin\omega t$ 相位滞后 φ_x，也就是时间滞后 T_x，所以 T_x 与 φ_x 的关系为

$$T_x = \frac{\varphi_x}{\omega} = \frac{\varphi_x}{2\pi f} = \frac{\varphi_x}{2\pi} \times T$$

将式(2-29)代入式(2-28)得

$$U_0 = U_g \frac{\varphi_x}{360°} \tag{2-30}$$

若 A/D 的量化单位取为 $U_g/360°$，则 A/D 转换结果即为 φ_x 的度数。

2. 相位—时间转换法

将上述相位—电压转换法中鉴相器的时间间隔 T_x 用计数法对它进行测量，便构成相位—时间转换式相位计，如图 2-20 所示。它与时间间隔的计数测量原理基本相同，若时标脉冲周期为 T_c，则在 T_x 时间内的计数值为

$$N = \frac{T_x}{T_c} = \frac{\varphi_x}{360°} \times \frac{T}{T_c} = \frac{\varphi_x}{\varphi_c} \tag{2-31}$$

相位的量化误差为

$$\Delta\varphi = \varphi_c = \frac{360° \times T_c}{T} \tag{2-32}$$

相位量化误差为

$$\frac{\Delta\varphi}{\varphi_x} = \frac{1}{N} \tag{2-33}$$

如果采用十进制计数器计数，而且时标脉冲的周期 T_c 与被测信号周期 T 满足以下关系式：

$$T_c = \frac{T}{360° \times 10^n} \tag{2-34}$$

式中：n 为正整数。

在 T_x 时间内的计数值即图 2-20 输出的十进制数为

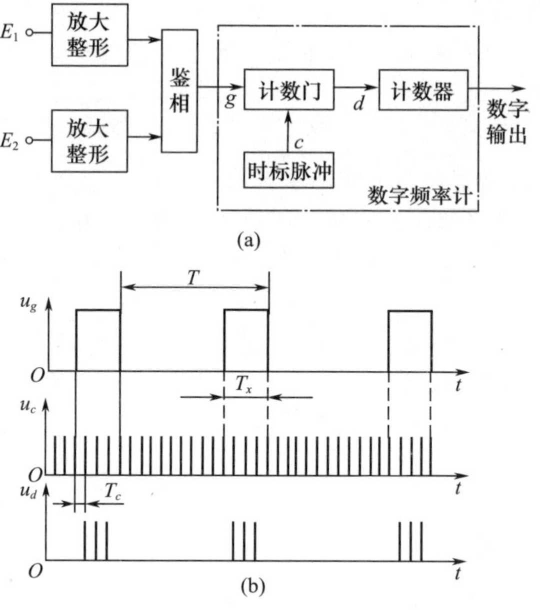

图 2-20　相位—时间转换式数字相位计原理图
(a)原理框图；(b)转换波形图。

$$N = \frac{T_x}{T_c} = \frac{T_x}{T} \times 360 \times 10^n \tag{2-35}$$

将式(2-29)代入式(2-35)得 φ_x 的计数结果为

$$N = \varphi_x \times 10^n \tag{2-36}$$

将式(2-34)代入式(2-32)可得量化误差 $\Delta N = \pm 1$ 所对应的相位误差(也称精度)为

$$\Delta\varphi = \pm(10^{-n}) \tag{2-37}$$

如精度要求 ±0.1°,则须 $n=1$。因此 n 由所需精度要求决定。由式(2-34)可知,时标脉冲频率 f_c 与被测信号频率 f 的关系为

$$f_c = 360 \times 10^n \times f \tag{2-38}$$

由式(2-38)可见,由于时标频率 f_c 不允许太高,所以计数式相位计只能用于测量低频率信号的相位差,而且要求测量精度越高(即 n 越大),能测量的频率 f 越低。此外,当被测信号频率 f 改变时,时标脉冲频率 f_c 也必须按式(2-38)相应改变。f_c 可调时,其频率准确度难以提高,这不利于测量误差的减小。

相位—时间转换式数字相位计测量误差来源与计数器测周期或测时间间隔时相同,主要有标准频率误差、触发误差和量化误差。为减少测量误差,应提高 f_c 精确度、被测信号信噪比和增大计数器读数 N。要增大 N,必须提高 f_c。

2.2.3　频域测量

由于火控系统获取的目标数据有很大一部分来源于雷达，而雷达信号的测量又是以频率特性呈现的，所以对于信号的频域测量就显得至关重要了。

通常，我们都是以时间作为参考系，来观察实际电信号的瞬时值随时间的变化，这就是在时域里观察信号的波形。时域电信号都是由一个或多个不同频率、不同幅度和不同相位的正弦波组成的。因此，用适当的滤波器，可以把任何复杂的时域波形分解成若干个正弦波或频谱分量，然后再分别进行分析或测量。

频域测量，是以频谱的形式显示出每个正弦波的幅度随频率变化的情况，如图 2－21 所示。由图 2－21 可见，该复杂信号由两个正弦波组成，这就清楚地告诉我们，为什么原来的波形不是纯粹的正弦波，因为它还含有第二个正弦波，即二次谐波。

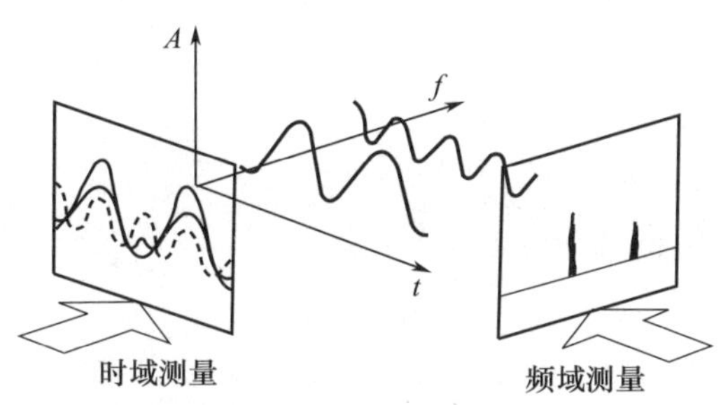

图 2－21　时域测量和频域测量的关系

时域测量是以波形的形式显示信号随时间变化的，有些测量只能在时域里进行。例如，测量脉冲的上升和下降时间，测量过冲和振铃等都需要用时域测量，而且也只能在时域里测量。

从图 2－21 和图 2－22 可以看出，通过频域测量可以确定信号的谐波分量，还可以了解信号的频谱占用情况。因此，频域测量的用处很广，在电子测量中具有很重要的地位。

傅里叶变换是把连续时域信号转换为频域表示的线性变换，变换的结果可以产生描绘原信号所有频率分量的幅度频谱和相位频谱。

2.2.3.1　用傅里叶级数描述信号

1. 傅里叶变换

一个周期函数或波形可以表示成一个常数（直流偏置）与若干正弦和余弦项之和的形式，因此，对于周期函数 $f(t)$，傅里叶用 ω 作为变量，写出了下面的无限级数表达式，称为傅里叶级数。

$$f(t) = K + \sum_{x=1}^{\infty} [A_x \cos(x\omega t) + B_x \sin(x\omega t)]$$

其中每一项的系数代表了该项对应信号的相对大小。应该注意的是，上述方程是用无限级数来表示的，但对于每一种实际的信号来说，大部分系数都为0，如图2－22所示。

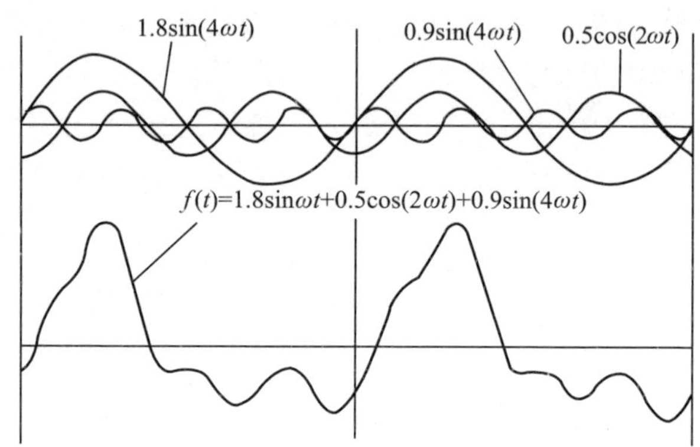

图2－22　一个复杂的周期信号的组成

傅里叶的发现为我们提供了分析波形或信号的强有力工具，傅里叶变换技术已经成为解决各种测试问题不可缺少的方法。

例如，在放大器测试中，将几个纯正的正弦波加于放大器，测出放大器的输出信号，并对其进行傅里叶分析，就可以知道在一定的频率范围内，放大器对信号的失真程度。

对于和噪声混合在一起的微弱信号，利用傅里叶分析可以把它分解成若干频率分量，然后把一些重要的信号从噪声中提取出来，从而对一些隐藏的信息进行处理，或者利用这些有用的信息重组原来的信号，使噪声变小。

2. 用数学方法描述信号

如图2－23所示的两个信号，表面上看不出它们之间有什么差别，但通过傅里叶分析，把它们都分解成若干项正弦和余弦之和，再通过比较就可以发现它们的不同之处，其中波形#1比波形#2多一正弦项。

初看起来，计算傅里叶级数各项的系数似乎是不可能的。一般来说，待分析的波形是不能用数学的方法来定义的，所以也无法表示出$f(t)$。那么，在只有一个方程的情况下，如何才能得到这无限多个系数呢？

所有的正弦和余弦项都含有一个角频率变量，它等于某个整数乘以ω，据此，可以建立起一个通用方程，用该方程计算出所有的系数。

有了$f(t)$，先不去找数学表达式，而是用数据采集板对分析的信号进行采

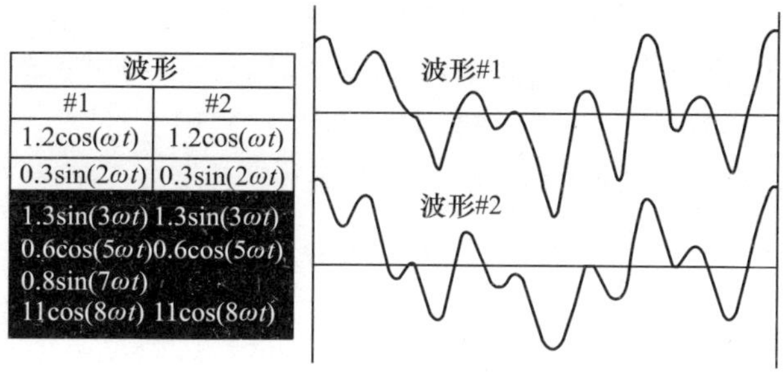

图 2－23　两个十分相近的信号之间的差别

样，得到若干数据点，而计算傅里叶级数的操作次数是随着数据点数的平方而增加的。例如，对于长 0.6s 的话音信号，假定其中包含的最高频率分量不大于 6kHz，为了充分地采样，必须采集 7200 个样点，而计算傅里叶级数时，必须运行 200×10^6 次以上。傅里叶级数所表示的信号是无限重复的，因此话音的傅里叶级数实际所表示的是无限重复的 0.6s 周期信号。

2.2.3.2　快速傅里叶变换

1. 傅里叶变换的快速算法

1965 年，J. Cooley 和 J. Tukey 提出了一种新的傅里叶级数算法，这种算法与通常的算法相比，数学运算的次数要少得多。Cooley－Tukey 算法被称为快速傅里叶变换（FFT），它使傅里叶分析变得更为实用。目前，已经有了许多种不同的 FFT 算法，在用采样数据进行傅里叶级数计算的过程中，这些算法能提高效率。通常的算法采用 C 语言程序，当计算有 8192 个数据点的信号的傅里叶级数时，计算机要做多达 67×10^6 次正弦和余弦操作，而用 FFT 程序，解决同样的傅里叶级数只需要 16384 次正弦和余弦计算，而且只用 0.22s 的时间。

这样的 FFT 程序不必自行编写，供应商在数据分析软件包里提供了这样的程序以及有关 FFT 的详细操作说明。在以 2 为基的 FFT 中，数据点数必须是 2 的整数次幂，所以只能用 4096（2^{12}）或 8192（2^{13}）个采样点。

所有的 FFT 算法都对数据点数有限制，这种限制有时成为一个问题，因为要对信号的某一部分采集预定的数据点数是很困难的。但在大多数情况下，可以通过调节采样速率和采样点数来满足 FFT 程序对点数的要求。

2. 采样问题

为了用 FFT 得到有用的结果，必须十分注意对信号的采样。具体地说，必须采集整数个信号周期，而且要确保采样点足够密，以便能反映该信号。如果采样点不够多，就不能很好地代表信号。

为了保证采集的数据能很好地代表待分析的信号，采样速率要高于信号中最高频率分量的两倍。当然,在计算傅里叶级数之前无法知道最高频率分量是多少,而傅里叶级数的计算只有在对信号采样之后才能进行。解决这一问题的简便方法是谨慎行事,估计出一个最高频率值,并使用大约两倍的值采样,而且最好是将信号通过一个低通滤波器,把高于采样频率 1/2 的信号分量滤除掉,同时加以大幅度的衰减。

第 3 章　自行高炮火控系统动态性能测试仪

3.1　概述

某自行高炮武器系统是我陆军最先进的高价值武器装备之一，已经大量装备部队，成为机械化、装甲部队伴随防空的主要装备。目前，相当一部分装备已经到了或接近中修期，故障率普遍较高。然而，由于部队缺乏必要的检测诊断设备，导致不能及时掌握装备的实际技术状态，使很多故障不能及时发现。其后果是导致故障范围扩大，影响训练效果或使训练不能正常进行。另外，对于故障装备，部队通常采用组合（单体）代换法来定位和修复，由于代换单体通常只能凭经验进行，这一方面容易损坏正常组合（单体），另一方面使得整个连套炮车的故障单体都集中到一门炮车上，使得每个连套至少有一门炮车长期处于故障甚至瘫痪状态，严重影响了整体战斗力。因此，考虑到战时应急保障的实际需要，使得部队随时随地能够检查、掌握本身装备的技术状况，加强部队自身装备保障能力建设已是迫在眉睫。

"某自行高炮火控系统动态测试仪"（以下简称"火控系统动态测试仪"）是为了解决在基层进行火控系统性能测试而研制的。

3.1.1　系统组成与功能

3.1.1.1　测试仪组成

系统采用分体式结构，主要由主控计算机（简称"主控机"）、前端测试计算机（简称"测试机"）、通信控制盒和连接电缆等附件组成，如图 3－1 所示。

主控机采用笔记本电脑（也可采用台式机等），通过网络采用 C/S 机制与测试机进行通信。根据测试人员的操作发出测试指令，等测试完成后接收测试机的测试数据和初步分析结果，然后进一步进行特征提取、数据时序分析，并执行显示功能等。

测试机置于火控炮塔内，通过炮塔回转电路连接装置、控制盒实现与外部主控机的交互。在主控机控制下完成各项数据采集任务，同时对数据进行简单分析，然后通过数据传输模块传输给主控机。测试时，炮手进行规定的操作，不必

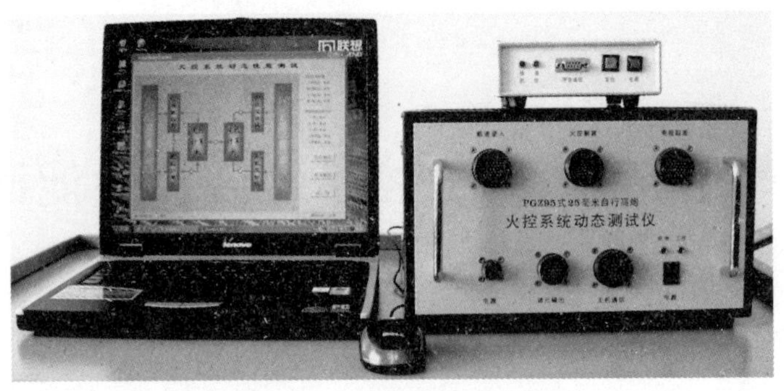

图 3-1 测试仪组成示意图

关心测试过程，所有测试均由测试人员通过主控机完成。

通信控制盒主要完成主控机和测试机之间的数据通信接口适配，测试机的启动、复位等控制以及测试仪工作状态的指示等。

测试附件主要完成测试仪各部分之间、测试仪和被测火控系统之间的物理连接。

3.1.1.2 测试仪主要功能

火控系统动态测试仪主要用于对某自行高炮火控系统进行动态检测和模拟训练评估，在测试基础上具有初步故障诊断推理的功能。

1）静态精度测试

通过装定固定点、跟踪静止地面坐标等手段以及利用某自行高炮自身的火控系统模拟等功能，实时采集火控系统各主要单体输入、输出信号，并对其进行分析，从而实现火控系统目标的点测量、火控系统解算、随动系统驱动等的精度检查。检查可以在炮车处于不同工作条件、不同位置等情况下进行。该部分测试克服了传统的火控系统静态解算仅仅局限在火控计算机内部的缺陷，将整个火控系统均纳入静态检测范围之内。

2）动态性能检测

利用某自行高炮目标模拟装置产生模拟航路，在某自行高炮火控系统处于模拟工作状态下，运行预定的标准航路，火控系统动态测试仪采用在线测试工作方式实时获取稳定跟踪、火控解算、火炮随动等分系统的连续数据，并进行误差分析，给出各系统的动态性能评价结果。

3）分系统（或主要单体）级故障隔离

在火控系统故障时，通过对分系统（或单体）之间通信信号的检查，找出其故障节点，然后对该节点前后输入/输出信号做进一步分析，从而实现故障系统级隔离。结合各单体的工作原理与信号流程，即可将故障定位到主要单体上。

4）炮手训练评估

在某自行高炮火控系统处于模拟工作状态下，炮手对模拟航路进行跟踪，火控系统动态测试仪实时采集代表跟踪效果的数据，并进行误差分析，对全连各炮手跟踪情况进行结果评价。测试过程中，还可以进行炮手跟踪过程数据的记录重演，便于事后进行详细分析和总结。

3.2 系统设计与实现

3.2.1 系统总体设计

3.2.1.1 信号测试基本方案

信号获取和信号特征提取是性能测试的基础。鉴于自行高炮火控系统分布式特点和各分系统工作时的关联性，系统测试时必须进行关键节点的同时测试，保证各个节点测试数据的同步性。

以“三通电缆”形式将测试平台接入实装系统之中，以在线测试方式实时获取系统工作过程中的各种信息，如电视跟踪目标信息、激光测距信息、跟踪控制信息、火控解算信息、车体姿态信息、随动控制信息、伺服反馈信息等。这些信息是在系统实际工作环境下同时获取的，因而可以作为多源信息处理，运用信息融合的相关算法获取系统总体性能情况，包括静态性能、动态性能和跟踪、解算、控制等的误差。在此基础上，可以初步进行故障判断，确定故障的大致范围。

3.2.1.2 系统结构设计

考虑到自行高炮空间狭小，内部测试难以开展，同时为了满足自行高炮工作状态下的测试要求，采用了分离式结构。测试机置于火控炮塔内，通过炮塔回转电路连接装置、控制盒实现与外部主控机的交互。在主控机控制下完成各项数据采集任务，同时对数据进行简单分析，然后通过数据传输模块传输给主控机。测试时，炮手进行规定的操作，不必关心测试过程，所有测试均由测试人员通过主控机完成。主控机采用笔记本电脑，通过网络与测试机进行通信。根据测试人员的操作发出测试指令，等测试完成后接收测试机的测试数据和初步分析结果，然后进行进一步特征提取、数据时序分析，并执行显示功能等。

测试仪整体结构示意图如图 3 -2 所示。

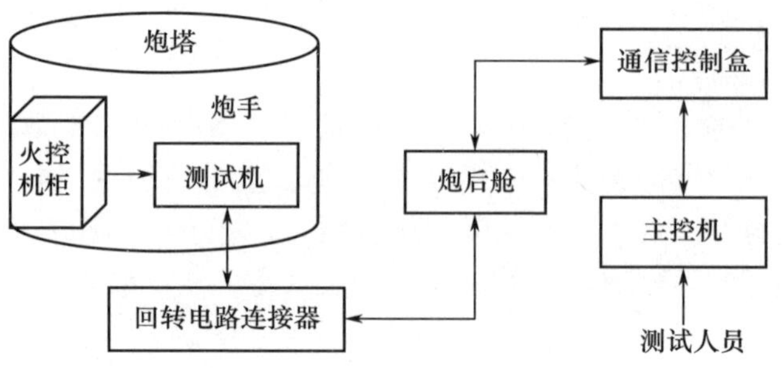

图 3-2　测试仪整体结构示意图

3.2.2　系统硬件设计

3.2.2.1　测试机硬件总体设计

测试机的硬件组成如图 3-3 所示。

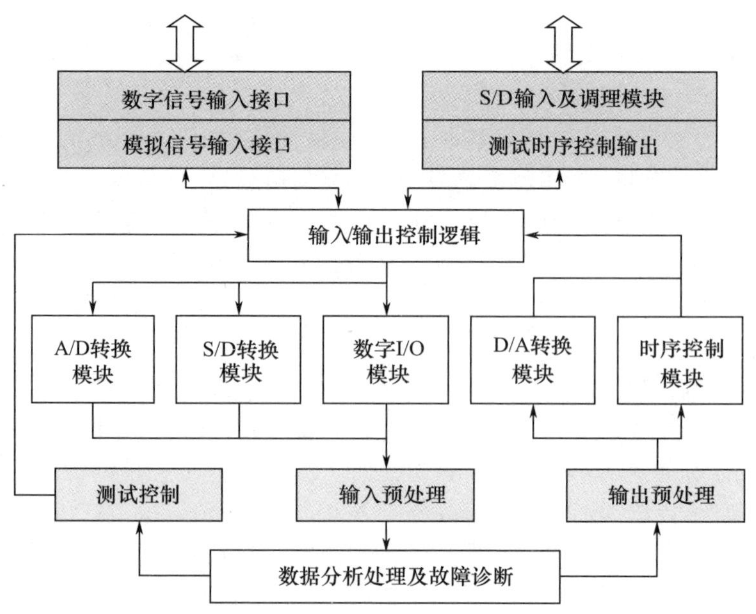

图 3-3　测试机硬件组成示意图

3.2.2.2　数字信号接口模块设计

1. 系统级多点同时测试的接口模块

对于系统级测试而言，主要分为性能测试和故障隔离测试。性能测试的目的是对整个火控系统的静态性能和动态性能进行测试，是基于系统完好、工作正常条件下的测试，因此测试点不需要太多，只要能满足需要即可。但是这些测试点必须同时进行采集，以保证数据的同时性。这里选择了电视跟踪目标数据、激光测距数据、火控解算数据、随动控制信息、炮塔位置反馈信息。故障隔离测试时需要测试的数据更多，但是不一定非要同时测试，这要视情况而定。

对于需要同时采集的数据（目标现在点、解算诸元、激光距离等）优先一次采入。为了减少高速采集时的数据量，采用触发方式进行采集，配合火控系统固有的数据传输时序根据采集对象不同选择相应的触发信号和基准信号。

对于其余的信号则通过连续采集方式进行采集，这部分信号时序要求不是很严格。有的尽管很严格，但由于并不用来提取数据，而仅仅用来进行信号是否正常的判断（从而便于进行单体间故障隔离），所以也被放在第二组里进行采集。

此外，为了保持数字采集板的工作稳定性，所有时序控制逻辑需要的信号均由外部产生，避免自身相互控制可能出现的竞争冲突。

对于模拟量的采集利用了多通道扫描采集技术，以保证各通道信号采集的同时性。该方法节约了大量硬件，轴角转换的精度也完全满足要求。对于孤立的模拟信号的采集则视情灵活配置，如采集通道分配、采集速率设置等。

图 3－4 是多点测试信号接口原理示意图（部分信号未列出）。

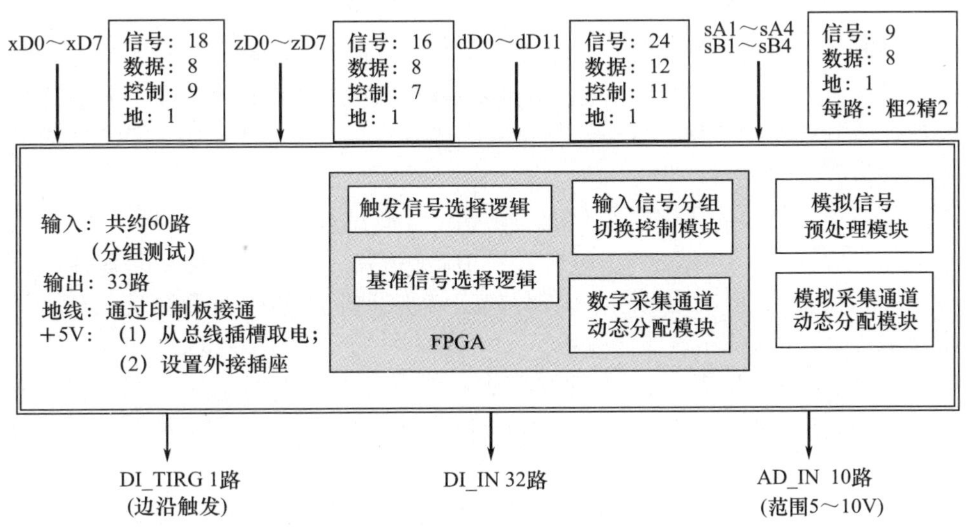

图 3－4　多点测试信号接口原理示意图

2. 单点同时收发测试的接口模块

要实现单体测试或模拟实装功能，首先就要对输入/输出信号的实现自动切换，其次才是激励信号自动生成和相应信号的采集与处理。

由于测试点有几十个,不可能一一设置测试接口,必须设计一个或几个通用接口来解决所有测试点的信号引入问题。此外,由于信号种类多样,信号在插座(头)上的分布各不相同,这给设计过程中的信号布线和测试过程中信号切换带来了很大的困难。其中有两个突出问题需要注意:

1) 数模混合信号

在跟踪部分和随动部分许多电缆传输的信号属于该类情况,并且模拟信号在插座上的分布不尽相同。数字信号引入模拟通道问题不大,但是一旦高电压的模拟信号进入数字通道,就会造成过载,甚至使硬件损坏。所以对于通用数字接口的每一个通道都要采取保护措施,同时还要保证各类数字、模拟信号的正常切换。

2) 信号流向问题

对于并行数据传输而言,数据信号和控制信号的方向性并不是确定的。这包含两种情况:一是信号本身是双向的,即信号流向根据时序在改变;二是虽然不是双向的,但是对于通用接口而言,面对的是几十个测试点,每个测试点的待测信号大多有 20 ~ 30 个,这些信号的流向对于单一测试点是确定的,但对于通用接口则是变化多端。同样严重的是,一旦信号流向搞错了,也极易损坏接口部件。

因此该接口模块的设计必须在逐一了解测试点信号的情况下才能进行设计。设计时,首先进行通用双向数据传输接口设计,然后根据模拟信号的分布情况设计控制和保护电路。至于信号流向问题则可以借助基于数据库动态配置的矩阵开关模块实现。

(1) 单路信号的测试控制原理。单路信号测试有如下两种情况:

① 在线监测。与信号流向(由 A 到 B,或 B 到 A)无关,只需要将信号引到测试(采集)通道即可。但是模拟信号发送端必须禁止(即处于断开或三态),否则会引起接口冲突,导致硬件故障。

② 模拟发送功能。与信号流向有关。假设由 A 到 B,那么 A 端信号只能隔离开,不能与发端相连;B 端则与发端相连;监测端可以与 B 端相连,但此时意义不大。

从上面可以看出,对于信号流向控制必须同时在 A 端、B 端、发送端同时进行,监测端无所谓。同时,A 端、B 端、发送端有相互制约关系,即任何时刻只能有一个端口处于输出状态。根据测试需要和相互约束关系,单路信号测试接口原理如图 3 – 5 所示。

(2) 单点测试的控制原理。在某自行高炮火控系统中,芯数最多的信号电缆是 55 芯,大多数为 41 芯和 30 芯。因此,通用接口的输入、输出插座应以 55

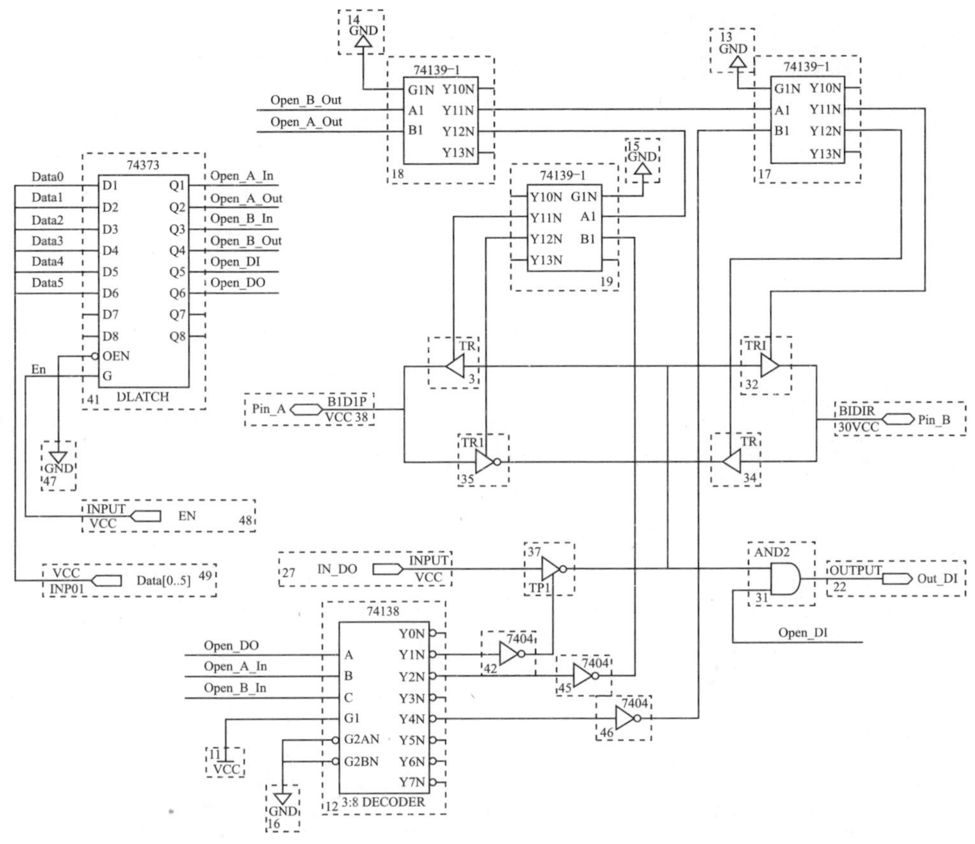

图 3－5　单路信号测试连接原理图

芯为准。但是，实际测试中并不需要对这些信号进行同步处理，如状态信号就可以通过时分复用＋锁存器的方式解决。所以，经过实际统计分析，在设计时采用了 36 路信号同时处理的方案，这能满足实际测试的需要。

单体测试和模拟实装测试功能立足于一次只对一个测试点（插座）进行处理，在硬件设计上最多能同时生成 16 路激励信号。这 16 路激励信号与装备电缆的芯线之间存在各种对应关系，因此其数字并行激励信号与电缆芯线之间的连接必须采用矩阵开关进行控制，这里采用的是 16 × 36 矩阵开关。

由单路信号测试控制可知，对于 36 路信号同时测试而言，每路信号的控制都应具备装备 A 端输入/输出控制、装备 B 端输入/输出控制、激励信号输入端控制、检测信号输出端控制功能，并且必须具备防差错控制功能（符合各种约束关系）以便保护硬件免受损害。因此这里不是简单的矩阵开关，而是四维 36 × 36 × 36 × 36 专用矩阵开关模块。

此外，由于数字信号测试通道只有 32 路，无法对 36 路信号一次测试，因此只将时序逻辑信号进行一次同步测试（这里留了 20 路专用通道来完成），其他状态信号或缓变信号则采用时分复用方式测试（硬件上采用 16×12 矩阵开关实现）。

为了实现灵活的触发信号采集，专门设计了 32×1 触发信号选择开关，以方便测试过程中的动态切换。

图 3－6 是单点测试接口原理图。

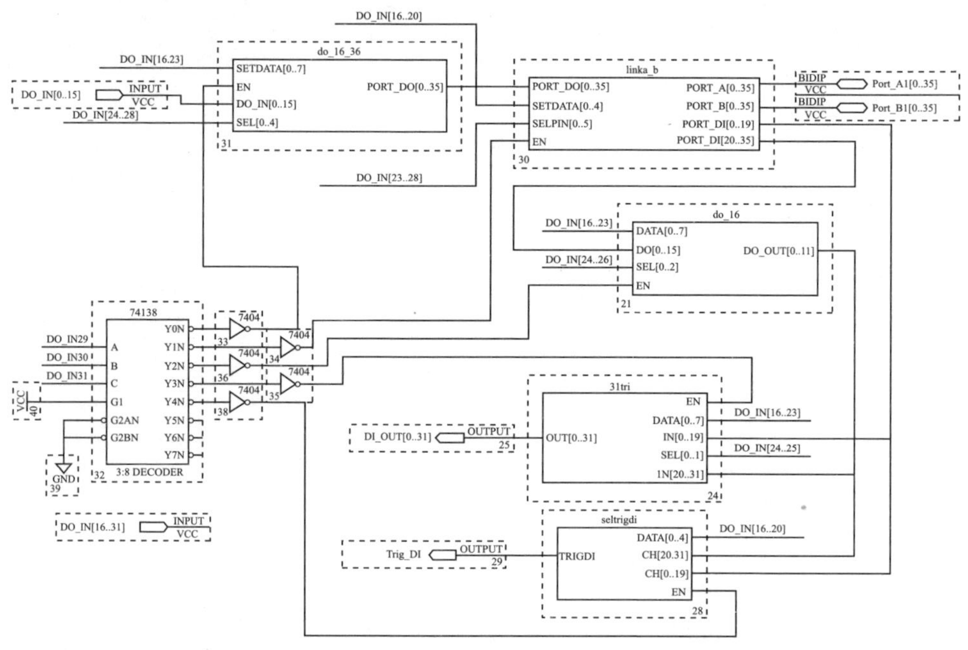

图 3－6　单点测试接口原理图

3. 矩阵开关模块设计

如上所述，为了解决信号多与硬件通道少的矛盾，为了解决待测信号在插座分布上不一致带来的测试困难，为了实现待测信号与测试通道的动态分配，为了实现硬件资源的分时共享，都需要矩阵开关模块。

此外，系统性能测试还要强调信号采集的同时性，即所采集的数据必须能够反映某一时刻的动态工作状态。因而，不同测试点的数据应该是在系统一次时钟周期内完成的。针对这种情况，不仅要具备能够快速切换的矩阵开关功能，还必须利用灵活的信号触发采集技术，保证所有测试点数据在一个系统时钟内全部采集完毕。因此，触发信号的动态控制也需要矩阵开关。

鉴于以上原因,从系统测试需求触发,设计了多种规格的矩阵开关模块。图 3 -7是双向 32 ×1 局部矩阵开关原理示意图。

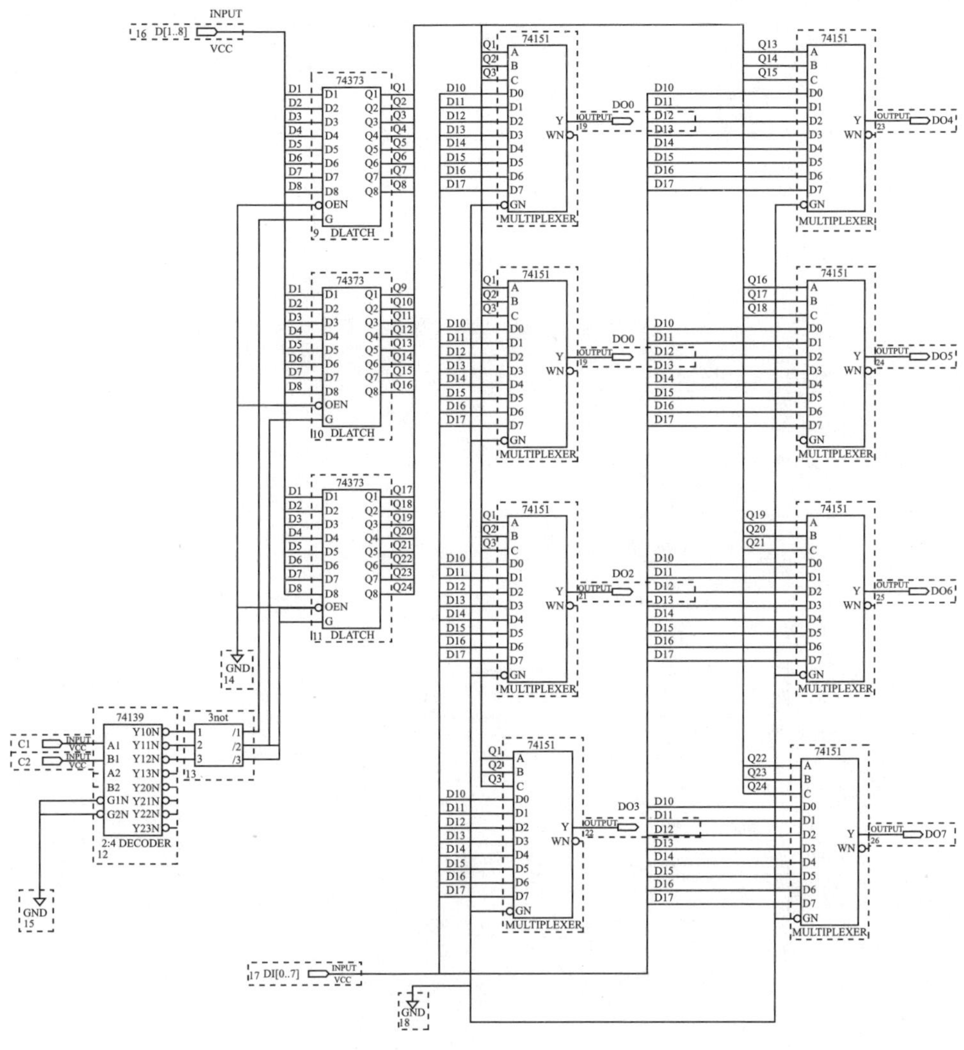

图 3 -7　局部矩阵开关原理示意图

3.2.2.3　模拟信号接口模块设计

模拟信号接口模块比较简单,主要包括增益控制和滤波等部分。此外,自整角机输出的信号还需要经过降压和 SCOTT 变压器变换后才能进入采集模块。

图 3 -8 是自整角机信号变换和增益调整部分示意图。

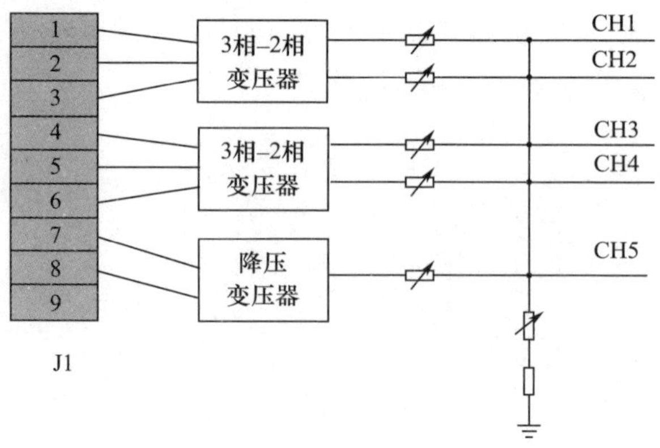

图 3－8　自整角机信号变换和增益调整部分示意图

3.2.2.4　通信控制盒设计

通信控制盒的作用主要有三个：

（1）主控机与测试机数据交换接口。

（2）对测试机进行控制。

（3）显示测试机和通信工作状态。

图 3－9 是通信控制盒原理示意图。

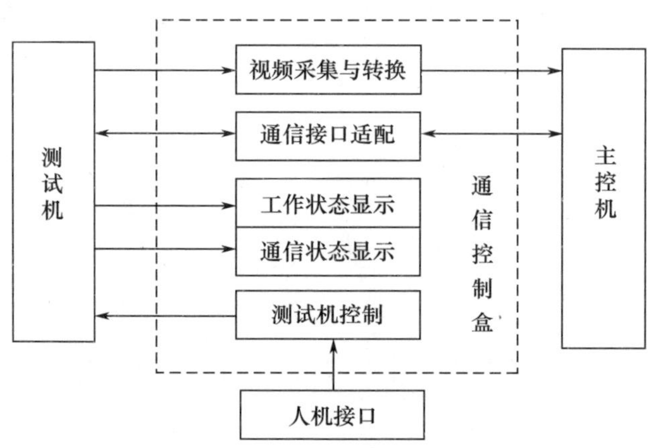

图 3－9　通信控制盒原理示意图

3.2.3　系统软件设计

3.2.3.1　测试机软件设计

测试机软件主要包括如下模块(图 3－10)：

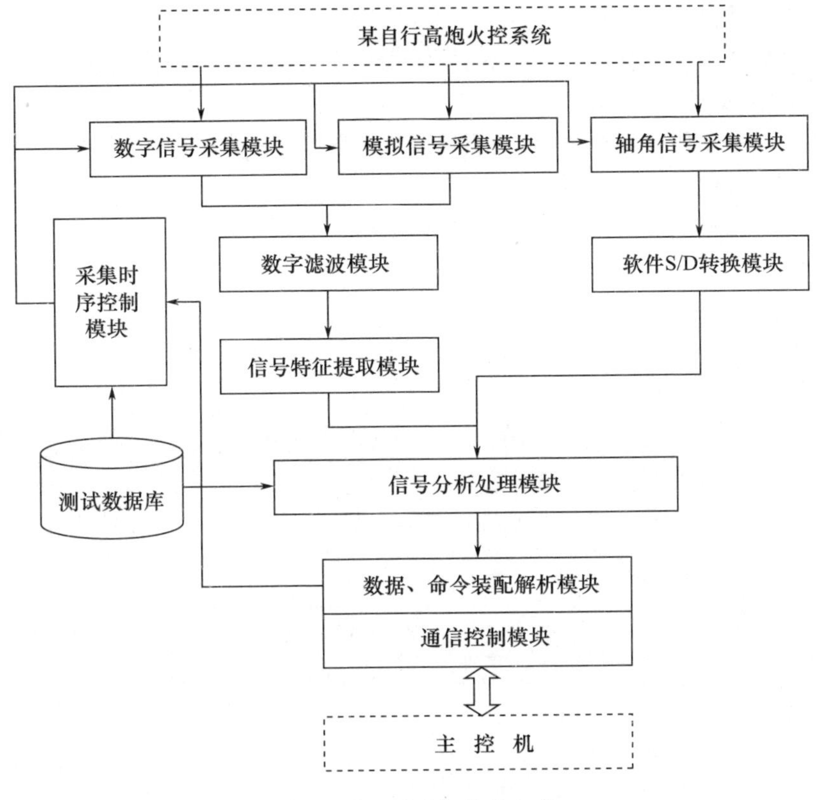

图 3-10 测试机软件组成

1）数字信号采集模块

针对不同的接口信号，根据测试信号数据库，自动设定采样参数；并根据测试需求、信号分布，自动配置接口电路，设置好触发信号、基准信号等；然后，将接口信号利用预定的采样方式采集到相应的缓冲区。

2）模拟信号采集模块

根据测量对象的不同设定采样参数，必要的时候进行开关切换控制等，然后将信号采集到对应的缓冲区。

3）数字滤波模块

针对上述采集数据进行数字滤波，以滤除干扰信号。

4）采集时序控制模块

根据整个测试要求和测试对象，生成采集控制时序。

5）信号分析处理模块

主要包括接口信号预处理、内容或特征提取等。

6）轴角信号采集模块

实现基于通用 A/D 转换的、软件和硬件相结合的轴角数字转换。

7）数据库模块

建立并管理信号测试库、信号分布库、典型故障库等。

8）数据、命令装配解析模块

对测试机和主控机之间的各种数据和命令进行解释，并按照预定的传输协议进行格式转换、数据块装配等。

9）通信控制模块

实现测试机和主控机之间的通信控制。

10）系统自检模块

在主控机控制下，对测试机的各组成部分进行自检。

3.2.3.2 主控机软件设计

主控机软件主要包括如下模块（图 3－11）：

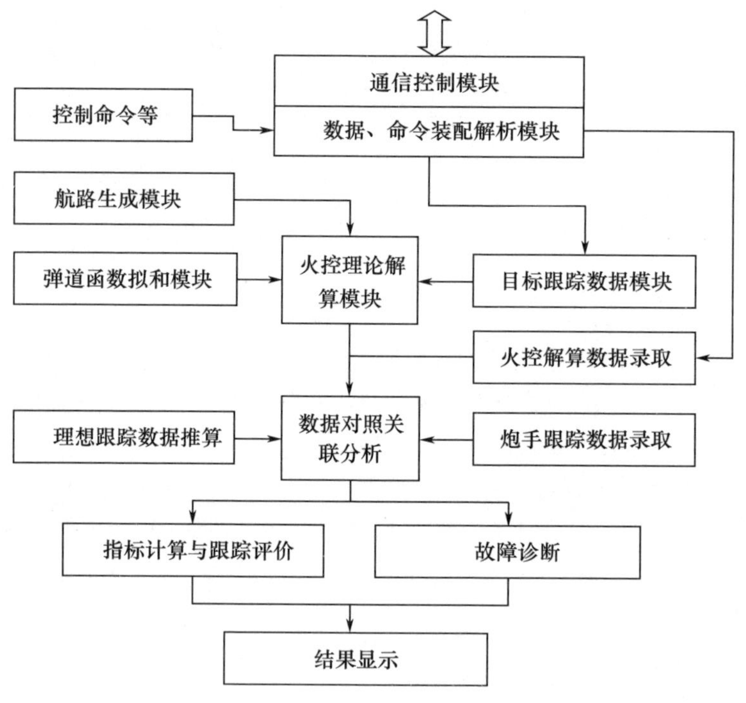

图 3－11 主控机软件组成

（1）信号分析处理模块。这部分主要完成数据关联分析、初步故障诊断等功能。

（2）信号记录模块。将各种测试数据进行格式转换、记录等。

（3）显示模块。负责各种数据、曲线、结果等的显示。

（4）测试过程控制模块。根据测试需求，生成相应的测试方案，然后逐步实施。

（5）数据库模块。

（6）故障诊断模块。在测试和信号分析的基础上，依据系统工作原理和物理结构，进行初步故障推理定位。

（7）数据、命令装配解析模块。

（8）通信控制模块。

3.3 主要技术及实现

3.3.1 系统自检模块设计

系统自检主要用于测试仪主机硬件检查，检查范围主要包括数字信号采集模块，共 32 个高速通道；模拟信号采集模块，共 16 个通道。系统自检由测试主机执行，受前端机控制，只有前端机与测试主机正常连接，通信联络正常后，才能进行自检。测试结果也送到前端机主控程序进行显示（图 3－12）。当有故障时，会给出必要的错误信息，据此可进行故障排除。自检结果显示如图 3－12 所示。

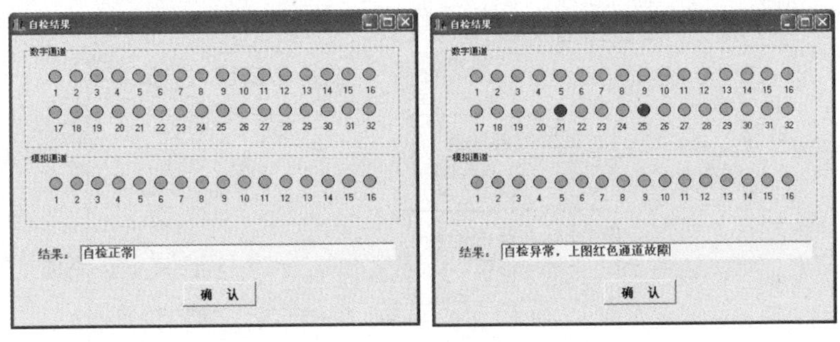

图 3－12 自检结果显示

3.3.1.1 数字通道自检

数字通道自检包括两部分。图 3－13 是数字通道自检示意图。

1）数字 DIO 卡自检

利用采集卡自身的数字输入和输出功能实现。具体是利用 DO 功能输出测试码，由 DI 功能读取 DO 输出的测试码，经过比较即可判定 DI 和 DO 功能是否正常。

当自检发现问题时，首先通过测试码逐位比较找出故障通道，进而通过采集卡自身 DO 检查功能判定是 DO 通道故障还是 DI 通道故障。

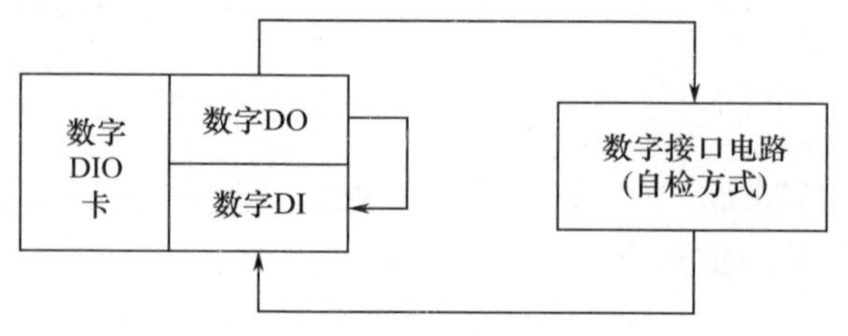

图 3－13　数字通道自检示意图

2）数字接口电路自检

当第一部分自检正常后，进行该部分自检。其目的是检查数字接口电路是否正常，该部分自检覆盖了测试仪内部连接线以及数字接口板的主要器件和电路的检查，如图 3－14 所示。

检查方式仍然是利用 DO 输出测试码和 DI 读取测试码的方法，只不过测试前首先应将数字接口板配置成“自检方式”。

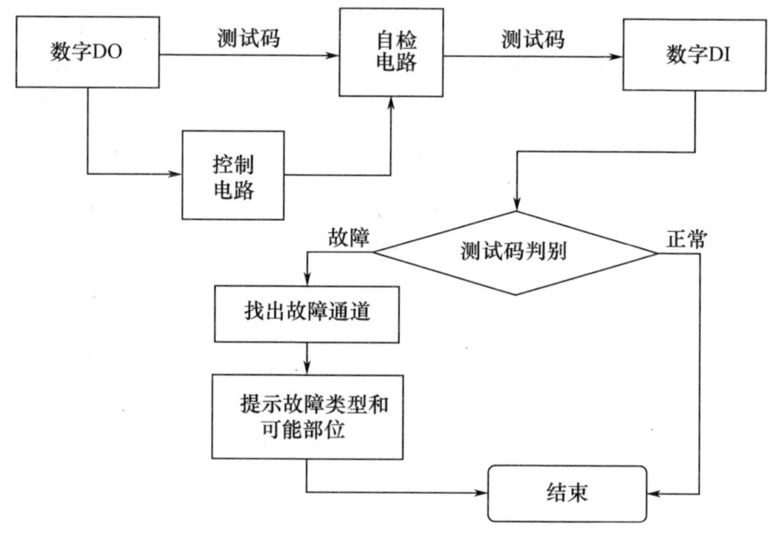

图 3－14　数字接口电路自检

3.3.1.2　模拟通道自检

模拟通道自检是针对模拟信号接口电路、采集电路等进行的自检。根据模拟信号种类的不同和接口电路的不同分为轴角信号测量通道自检和普通模拟信号测量通道自检，此外还包括这两部分公共部分——采集电路的自检。

1）采集电路的自检

由于采集电路采用模拟多路开关切换、共用一路 A/D 转换器的方案，因此其自检只要覆盖主要电路即可，无须对每一路进行逐个检查。所以自检时选取了一个通道对 +5V 进行检查。

2）普通模拟信号接口电路的自检

普通模拟信号接口电路的自检主要检查信号通路和增益情况，利用采集卡的一路 A/D 和一路 D/A 进行。自检时，利用自身 D/A 功能输出正负最大电压，通过 A/D 读入，然后判断结果是否正确，正负是否对称。A/D 和 D/A 之间注意串接较大电阻隔离(1 ~2K)。

3）轴角信号接口电路的自检

利用两路 D/A 模拟产生旋转变压器的角度信号，通过轴角信号接口电路，再由 A/D 转换获取采样数据，通过内部软件进行 D/S 转换，得到角度值，如图 3 – 15所示。该项检查一方面检查了硬件通道的正确性，另一方面也检查了软件模块的转换精度。

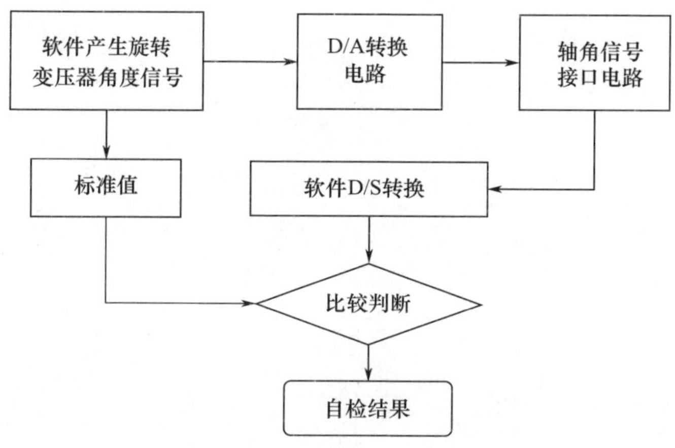

图 3 – 15　轴角信号接口电路自检

3.3.2　通信控制与时序设计

测试仪时序以自行高炮火控系统为基准，图 3 – 16 是被测信号时序图，图中信号在各个周期内，每一个信号形式不尽相同，同一种信号的特征参数也有所差别，这是因为整体上火控系统的时序是固定的，但是每一种接口信号的传输大多采用硬件握手控制的方式，因此具体的信号形式就与硬件运行环境有较大的关系。

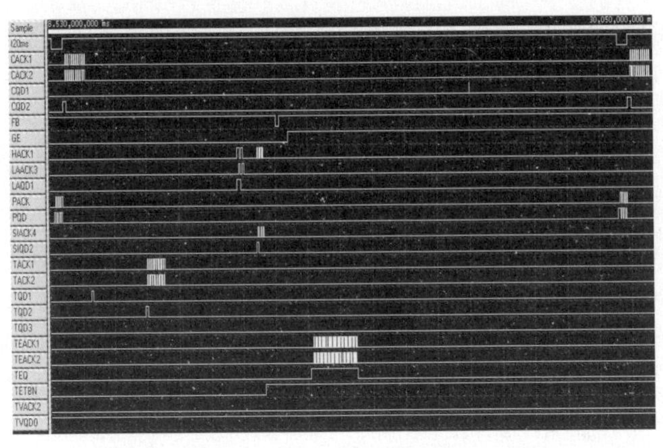

图 3－16　一个 20ms 周期内主要接口通信控制信号及时序

图 3－17 是火控计算机—随动控制箱、跟踪计算机—火控计算机、随动控制箱—跟踪计算机之间的通信控制信号及其时序关系图。其他激光电子箱—火控计算机、激光电子箱—跟踪计算机、电视跟踪箱—跟踪计算机等之间的信号由于时序上间隔较大未列出。

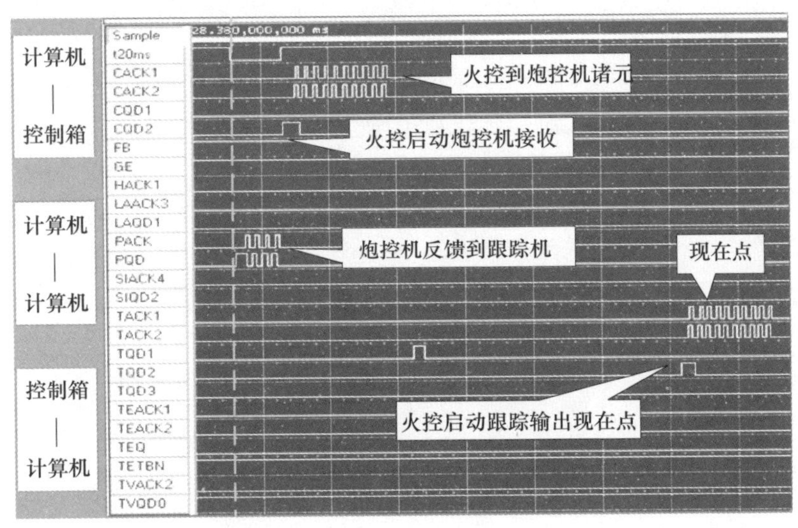

图 3－17　部分接口信号时序关系图

整个测试仪中测试机的工作时序如图 3－18 所示。由于数据采集速率高、数据量大，切换频繁，因此必须进行缓冲区管理，目的是提高缓冲区利用效率、减小缓冲区尺寸、提高数据存取速度。

一个接口信号采集完后，紧接着要进行信息提取，即从采集的数字信号序列中提取出需要的参数,如现在点的方位量和高低量等。在信息提取的同时,还必须完成数字接口电路的重新配置,以适应下一接口信号的采集。

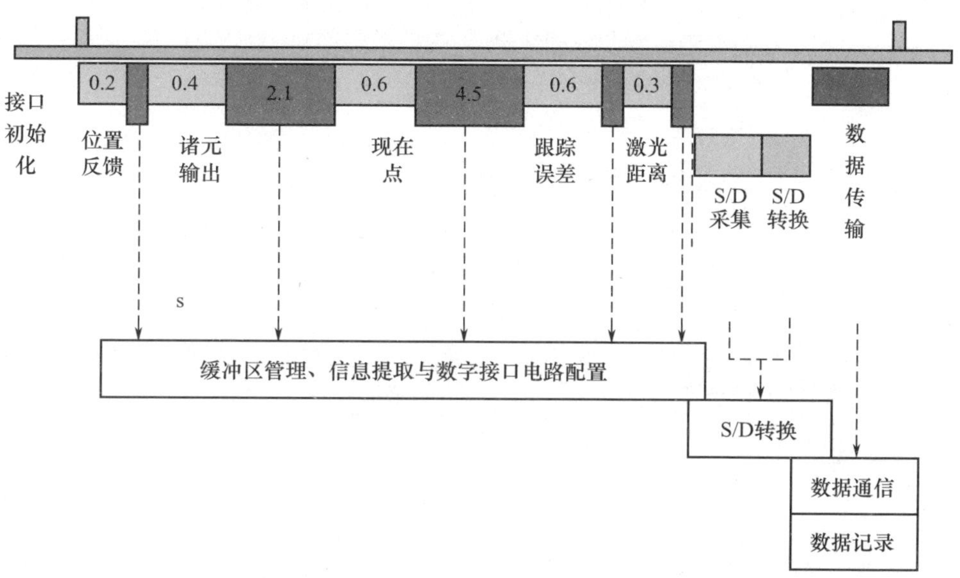

图 3-18　测试机的工作时序

3.3.3　接口信号测试与分析

3.3.3.1　信号测试接口控制

在测试仪工作时,必须依照上述时序轮流对各个接口信号进行测试,并且工作状态不同,数据采集的方式、方法和对象也有所差异。因此,应该根据实际测试和故障诊断的需要生成相应的测试需求(这也可通过人机操作界面进行测试设置或测试干预),然后根据测试需求产生测试方案,明确需要测哪些信号、属于哪些类型、通过什么方法进行测量、在什么位置进行测量、数据采集参数设置、测量接口电路如何配置等,在此基础上结合接口信号数据库等生成详细的测试方案,通过测试控制实现接口电路的动态配置。信号测试控制原理如图 3-19 所示。

待测信号与采集通道配置好后,即可在时序控制下对待测信号进行采集和预处理。之后,对测试信号数据进行分析,提取出其特征参数或特征信息,并与标准信号特征库进行对比分析。最后,结合故障库、知识库等,对上述结果进行分析、推理,以得到正确的结论。在此过程中如果证据不够充分,尚需测试其他数据,则重复上述测试过程,直至得到明确的结果。

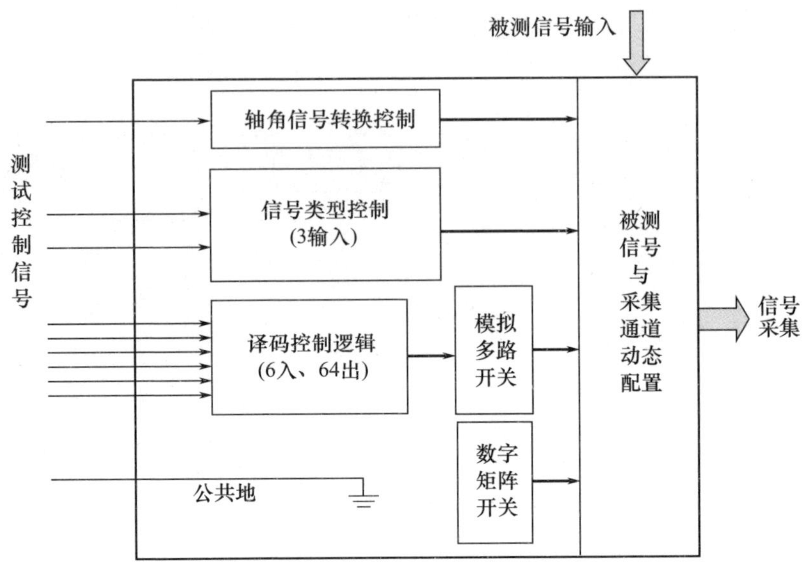

图 3－19　信号测试控制原理图

3.3.3.2　信号采集模块设计

数据采集模块包括了数字信号采集和模拟信号采集，模拟信号采集由通用 A/D 卡实现，采集的均为经过硬件调理后的低电平低频信号，原理比较简单，不再赘述。下面主要说明数字信号采集部分的基本原理。

在系统中，测试硬件的选择与信号采集方式、过程的控制是根据测试信号的特性自动进行的。图 3－20 是数据采集系统原理图。

本系统根据信号特性不同，设计了不同的采集方式，以获取最佳采集信号，保证测试的精度和配置的灵活性。

1）连续采集方式

当预先能够确定所需采集长度或采集时间的情况下，通过对采集数据的点数设置达到定长数据采集的目的。在不能或不必要对采集时间限定的场合，如观察整个工作时序或接口信号时、定性判断信号特征时等，利用双缓冲区 DMA 原理实现连续的数据采集。

2）触发方式的数据采集

采用触发方式进行数据采集是数字示波器的基本功能之一，但具体到对硬件直接进行编程的实现涉及一些问题。其中，主要的一个问题是触发信号的选择。在正常条件下，系统工作时序是基本固定的，可以通过时序分析选定触发信号，如果触发信号和被测信号间隔较长，则可以串入延迟电路来实现。在故障状态下，系统时序可能产生变化，部分信号变得不正常或不存在，如果触发信号丢

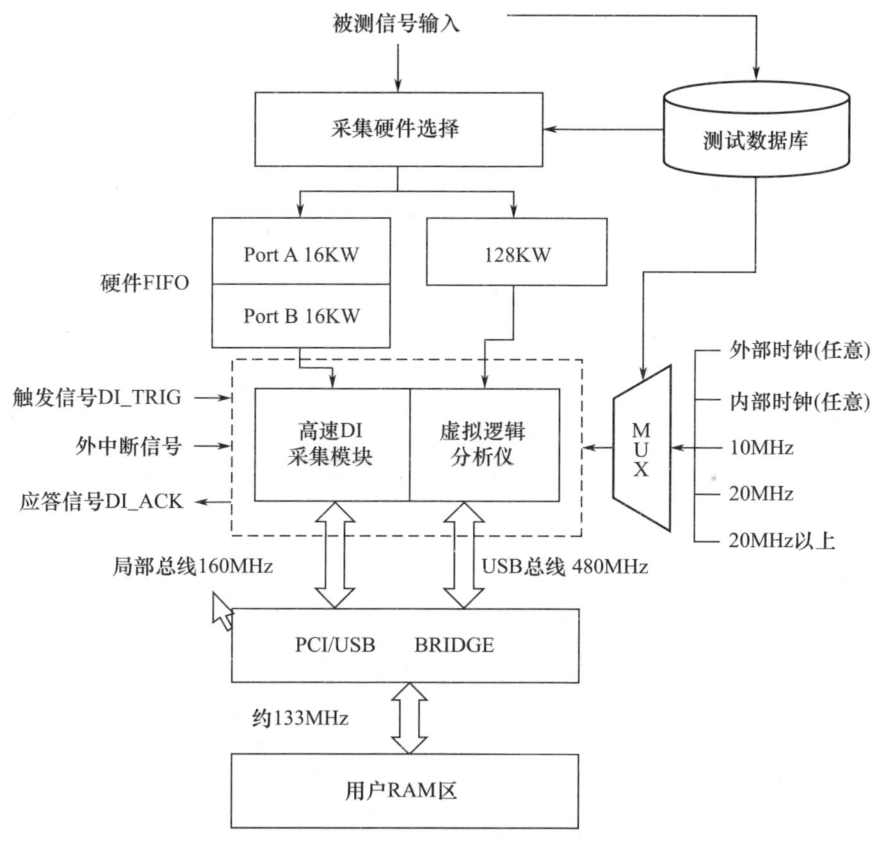

图 3-20 数据采集系统原理图

失,就会造成采集系统陷入等待触发信号的死循环,导致后续测试不能进行。因此,这时只有插入强制性的触发信号才能使采集系统重新回到正常状态。

为了避免测试过程中出现触发信号丢失导致的系统"死机"等情况,系统中首先采用连续定长采集的方式,判断各个接口信号的启动控制信号等是否存在,只有在这些信号正常的条件下才进入触发采集模块。当然,由于时序上的严格性,对每个周期都进行判断是不现实的,所以只在每次测试开始前进行判断,并设置相应的允许触发和不允许触发的标志。

3.3.3.3 信号测试和分析流程

信号的基本测试分析流程如图 3-21 所示。每一个接口信号的测试都要经过这一过程。

在对接口信号具体分析时,必须依据其时序关系和传输格式进行。例如,图 3-22是火控计算机到随动控制箱的接口信号,其数据交换时序可以表述如下：

（1）在 t_1 时刻：当 D10 变低时，启动数据交换。火控计算机数据输出允许。

（2）$t_1 \sim t_2$ 时刻：火控计算机将输出数据的第一个字节以 8 位并行方式送到外部数据总线上。送数完毕约经 40μs 延迟后（即 t_2 时刻），D8 信号变高，通知随动控制箱数据准备好。

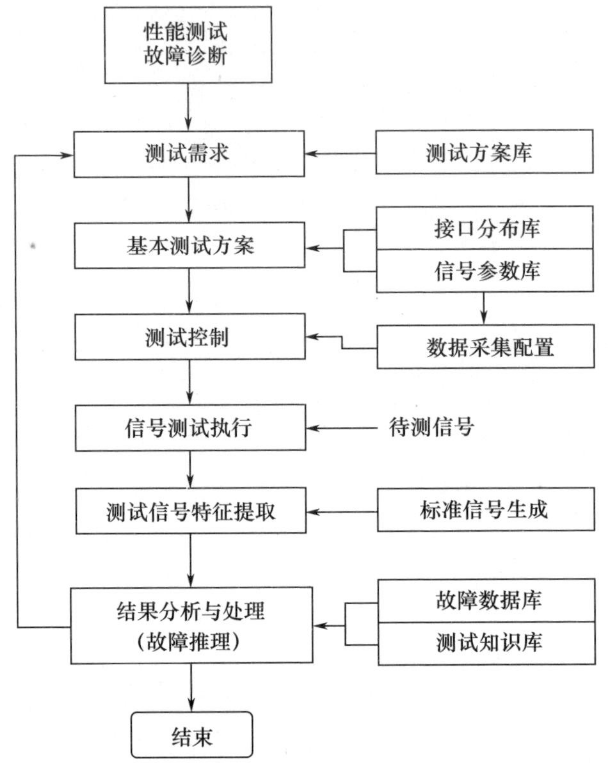

图 3－21 信号的基本测试分析流程

（3）$t_2 \sim t_3$ 时刻：随动控制箱检测到 D8 高电平后，从数据总线读取数据，如第一个字节为“0xDA”。数据读取完毕后，使 D9 变成高电平（t_3 时刻），通知火控计算机数据已经取走。这个时间段约 70μs。

（4）$t_4 \sim t_5$ 时刻：火控计算机检测到 D9 变成高电平后，在 t_4 时刻 D8 变回低电平；随动控制箱检测到 D8 低电平后，把 D9 在 t_5 时刻变回低电平。从而一个字节交换结束。

（5）当火控计算机 D8 在 t_4 时刻变成低电平后，火控计算机开始将第二个字节送到数据总线上。在 t_6 时刻，重新将 D8 变成高电平。从而启动第二个字节的传输时序。

(6) 重复上述(2)~(5)步,直到所有字节传输完毕。

(7) 当 D10 变成高电平时,整个数据交换过程结束。

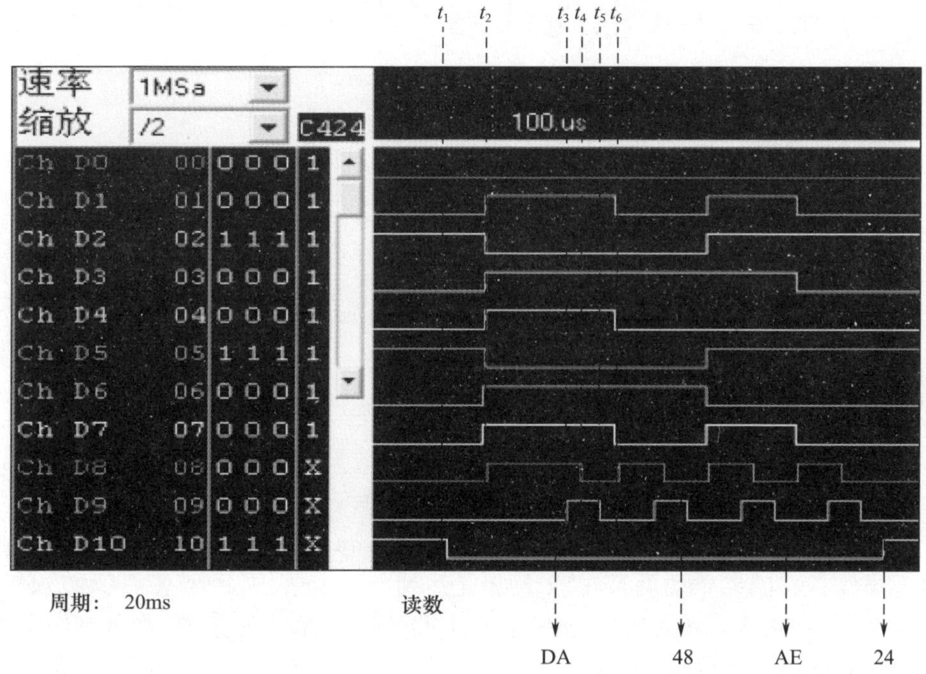

图 3-22 火控计算机到随动控制箱的数据传输时序图

第4章 电缆检测与信息查询系统

4.1 概述

自行高炮结构复杂、单体众多,仅各种连接电缆就有近300根。由于震动、牵拉、老化等各种因素,使这些电缆断线、短路、接触不良以及绝缘性能下降等故障时有发生。然而由于结构上的限制和电缆接口信号、连接关系的复杂性,使得电缆故障的检测和修复十分困难。其主要表现在:

(1) 电缆大部分固连在装备内,拆装复杂,费时费力。

(2) 电缆接线关系复杂、类型多样,必须借助于接线表才能判断。

(3) 电缆两端大多距离较远、活动范围小,测试工作难以展开。

此外,对电缆信号的测试与分析也是进行故障诊断与隔离的重要手段。而通过电缆传输的信号类型多样,数量更是达到了上千个,因此技术保障人员必须借助于图册、接线表等资料才能弄清楚,并且查阅起来比较繁琐,严重制约了维修效率的提高。其主要表现在:

(1) 电缆芯线多,必须借助接线表才能定位待测信号。

(2) 接线关系复杂,信号流向不易把握。

(3) 信号本身复杂多样,不易判定正常与否。

(4) 装备内部空间狭小、取电困难,通用仪表难以应用。

由于随机资料中并未提供电缆接线关系、电缆接口信号等信息,基层部队也难以获取这些资料,从而导致部队难以形成技术保障能力。

“电缆检测与信息查询系统”就是针对上述两方面问题进行研制的,它不仅解决了电缆测试的难题,丰富翔实的技术资料也为部队形成全面的技术保障能力提供了必要的基础。

4.1.1 系统组成

电缆检测与信息查询系统主要由主机、电缆测试前端机(简称前端机)和测试附件三部分组成。其中前端机又包括控制组合、接口组合Ⅰ、接口组合Ⅱ,附件则包含了测试延伸电缆、电缆短路器、电池充电器等。其中,主机采用掌上电脑，主机完成测试控制、信息查询和系统管理功能；前端机采用嵌入式技术进行开发，执行电缆的各种测试功能和数据采集，其电路组成主要包括测试控制板、显示控制板和测试转接板；待测电缆通过接口组合Ⅰ或Ⅱ接入控制组合，在主机控制下完成各项测试。

电缆检测与信息查询系统包装与外观组成示意图如图4-1所示。

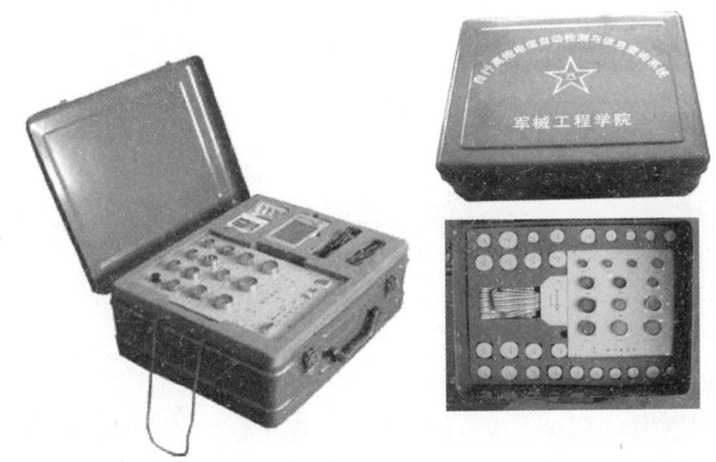

图4-1　电缆检测与信息查询系统包装与外观

为了进一步提高便携性，方便在狭小环境中使用，后来对电缆检测与信息查询系统进行了改型。目前，两种类型的电缆检测与信息查询系统在部队均有配备，以改型后的居多。

4.1.2　系统功能

电缆检测与信息查询系统的功能主要包括电缆检测、信息查询、系统管理和系统自检。

4.1.2.1　电缆检测功能

电缆检测与信息查询系统采用单端测试、快速扫描、接线关系自动判别等多项技术，能够在不解体电缆的情况下，完成电缆的通断、绝缘、接线关系等各项测试，能够对电缆断线、短路、绝缘不良、接触不良等故障快速准确定位，还可自动进行电缆接线关系验证，大大提高了电缆测试的效率。其主要功能包括：

(1) 电缆通断测试：逐一测试电缆芯线，判断其是否连接正常。通过通断测试可以发现断线、接触不良故障。为保证测试的全面性，对于接线关系复杂的电缆应从两端分别测试。

(2) 电缆绝缘测试:逐一测试电缆芯线与其他所有芯线之间的绝缘电阻,并测量芯线与外壳之间的绝缘电阻。在此基础上,根据实装要求自动判定电缆的绝缘性能是否合格。

(3) 接线关系验证:根据电缆接线关系数据库中的信息,通过测试自动判断被测电缆的接线关系是否正确。

上述测试均采用矩阵开关快速扫描测试技术,最大扫描测试时间小于5s。

4.1.2.2 信息查询功能

通过信息查询功能可以获取各种电缆、接口信号等的信息,供用户维修或熟悉原理使用。其主要包括:

(1) 电缆信息查询:给出电缆编号、型号、起止位置、生产厂家等信息。

(2) 电缆接线关系查询:给出电缆的接线关系。

(3) 电缆芯线信号查询:给出电缆各个芯线对应的信号特性。

(4) 接口信号查询:给出指定信号所在的电缆及芯线号。

(5) 信号特征查询:关重信号可给出信号参数或波形等信息。

4.1.2.3 系统管理功能

系统管理功能主要提供数据库系统的管理功能,如数据库备份与还原、数据库扩充与修改(只允许对用户数据库进行,系统数据库不允许用户做任何改动)等。

4.1.2.4 系统自检功能

系统自检功能主要用于测试前系统自检,包括控制功能自检、切换电路自检、接口连线自检和电池电量自检等。

控制功能自检用于检查串行通信、命令生成等是否正常;切换电路自检用于检查控制电路、矩阵开关等是否正常;接口连线自检用于检查各个接口线之间的绝缘是否符合要求;电池电量自检用于检查电池电量是否满足正常工作需要。

4.2 系统设计与实现

4.2.1 总体设计

在电缆检测与信息查询系统总体设计中,始终以实际装备为背景,以满足部队技术保障需求为牵引,以便于在自行高炮内部和野外使用为指导思想,以结构小型化、检测自动化、资源丰富、操作简便为原则,确定了系统的总体框架:采用掌上电脑作为主机进行人机交互与信息支援,配置组合式测试前端机进行性能检测，结合电缆信息库和接线关系库自动完成数据分析和判断，实现了不解体自动检测和故障准确定位；创建各种信息库，作为电缆测试和系统维修的有力支撑，信息查询快速准确、实用性强，能满足各种相关需要。该系统总体设计科学优化、功能全面，具有很强的针对性、实用性和可行性，能够适用于部队各级、各个场合。

系统在结构设计上采用了主机与前端机相分离、前端机控制组合与接口组合相分离的设计方法。系统总体结构示意图如图 4-2 所示。

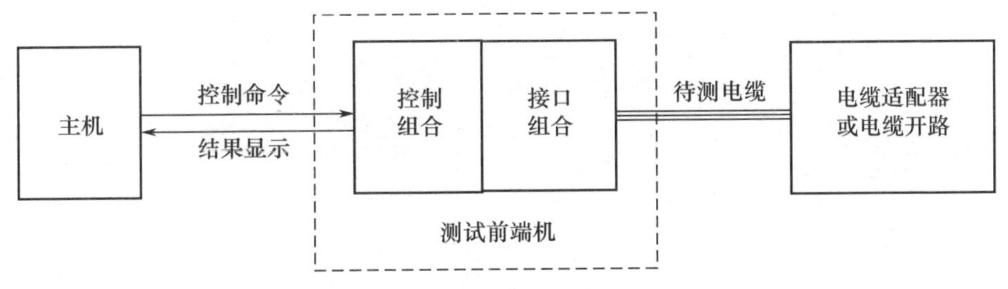

图 4-2　系统总体结构示意图

在具体设计和实现中，采用各种先进技术、技巧解决了遇到的各种问题。

(1) 为了解决电缆两端多数相距较远，不可能对两端同时测试的问题，提出了单端测试的思想和方法。

(2) 为了解决对于多芯电缆人工判断接线关系比较困难的问题，进行了接线关系自动验证设计。

(3) 为了保证系统的通用性，除接口组合外，所有硬件和软件均采用通用化设计，设立系统和用户两套数据库系统，便于扩展到其他装备。

(4) 为了保证系统的实用性和信息资源丰富性，采用调研收集、推理分析和测量补正等多种手段创建了基本信息库、接线关系库、接口信号库、信号流向库、信号特征库等。

(5) 为了提高测试和查询方便性，充分利用掌上电脑有限的显示空间，采用了分层查询、分类显示和图形化显示技术，条理清晰、图文并茂。

(6) 为了便于野外使用，克服自行高炮上取电难的问题，前端机采用了 5 号充电电池供电，主机(掌上电脑)利用内置锂电池供电。

(7) 为了解决运行速度问题，系统采用 EVC 开发，代码精练高效；为了解决内存紧张问题，采用了动态内存分配技术。

系统实际连接图如图 4-3 所示。

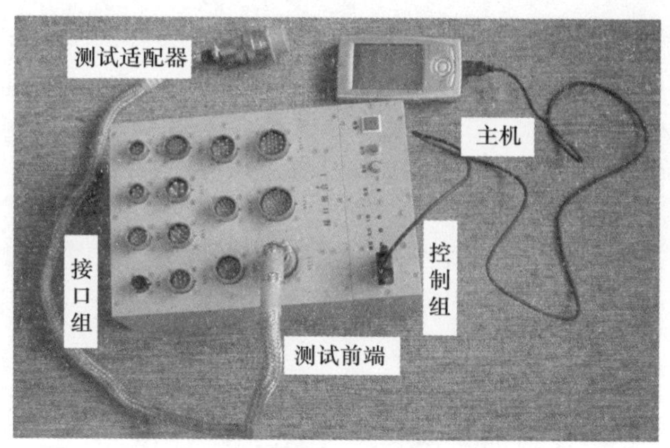

图 4－3　系统实际连接图

系统总体工作流程如图 4－4 所示。

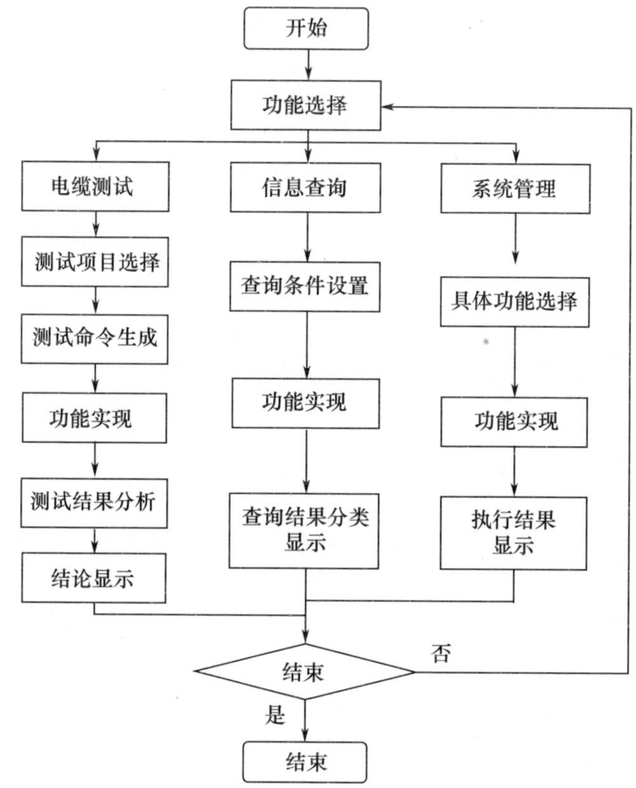

图 4－4　系统总体工作流程

4.2.2 系统硬件设计

系统硬件主要由主机、前端机和测试附件组成。两种掌上电脑的外观图如图 4 – 5 所示。

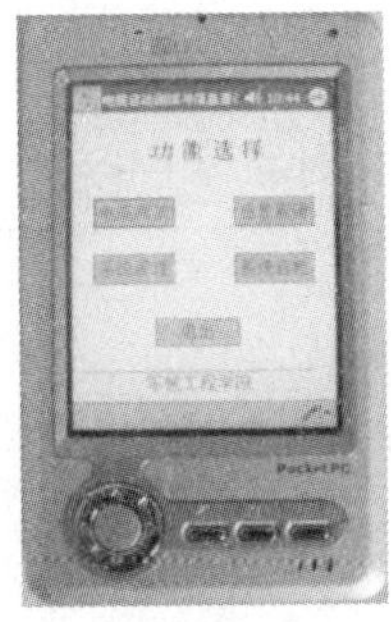

图 4 – 5 掌上电脑外观图

前端机的硬件包括控制组合和接口组合两部分,从功能上可分为测试控制模块和电缆接口模块。其中,电缆接口模块主要完成各种电缆芯线的安排与转接等。测试控制模块是执行电缆测试功能的核心部分,主要包括 CPU 模块、矩阵开关模块、数据采集模块、串行通信模块、电源管理模块、电源模块等。

前端机控制模块硬件组成示意图如图 4 – 6 所示。图 4 – 6 中,CPU 模块是前端机的核心,主要承担数据处理和测试时序控制任务。其中,数据处理包括数据传输、数据初步分析和预处理、数据格式转换等,测试时序控制包括控制信号分配电路、矩阵开关、电源管理、串行通信、数据采集等时序控制。矩阵开关模块由一系列继电器和控制电路、保护电路构成,是实现单端测试思想的关键电路之一,用于完成各种测试条件下被测电缆芯线的灵活切换等功能。数据采集模块由单一 5V 供电的 MAX197 高速 12 位 A/D 转换器和 AD620 为核心构成,完成测试信号的数据采集。电源模块产生系统正常工作所需的各种电源,直流电源采用 DC – DC 变换电路产生,测绝缘用的高压采用高频脉冲振荡器和脉冲变压器等实现。电源管理模块完成系统的电源管理以达到节能降耗、延长工作时间的目的。

由于系统采用电池供电,而电源模块、矩阵开关模块和串行通信模块功耗都比较大,如果不进行有效的电源管理和省电设计将难以保证系统的长时间工作,为此系统主要采用了如下手段:

(1) 大量采用了 CMOS 器件,特别是微功耗的 AT89C52 微控制器和接口芯片。

（2）器件封装形式以贴片为主，进一步降低功耗。

（3）对硬件电路实行分块管理、按需加电。矩阵开关模块、高压产生模块、数据采集模块电路只在工作的几秒内供电，其他时间处于不接电状态，从而大大降低了待机时的功耗。

（4）长时间空闲时自动休眠，需要测量时再行激活。

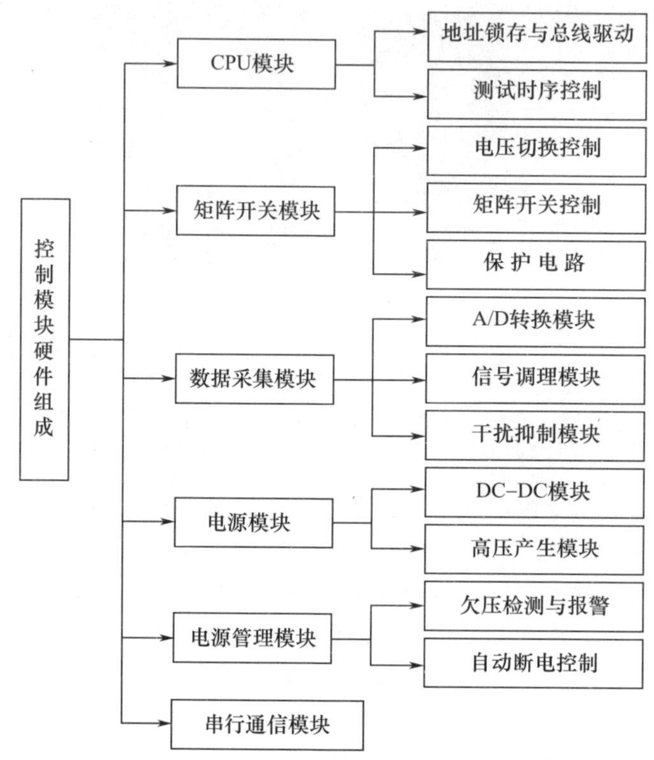

图4-6　前端机控制模块硬件组成示意图

测试附件部分主要包括电缆短路器和接口组合延伸电缆以及充电器等。电缆短路器与前端机配合，主要用来实现电缆检测。为了进一步增强电缆接口组合的功能，适应实装空间狭小、电缆两端活动余地小的特点，设计了电缆接口组合延伸电缆。

4.2.3　系统软件设计

电缆检测与信息查询系统软件主要包括三部分：电缆测试部分、信息查询部分和系统管理部分。

4.2.3.1　电缆测试软件设计

电缆测试是系统的基本功能，它主要完成电缆通断、绝缘等测试和接线关系验证等功能。其中，各种测试操作与结果显示由主机完成，具体测试过程由前端机完成。

1）电缆测试软件组成

电缆测试模块组成示意图如图4-7所示。图中，主机部分的中心控制模块完成系统总体控制；命令生成模块根据用户操作和电缆数据库信息自动生成测试步骤和各种测试命令；通信控制模块完成各种测试命令和数据的编解码以及接收与发送；电缆信息库提供待测电缆的各种信息；接线关系库用于自动判定待测电缆的接线关系是否正确；数据分析显示模块完成测试数据的分析与处理，并将测试结果直观地显示给用户。

前端机部分的主控模块完成整个前端机各种功能的控制；通信控制模块完成命令接收、状态和测试数据编解码与传输等；命令执行模块通过测试控制板执行收到的测试命令；通断测试模块完成指定电缆的通断测试；绝缘测试模块完成指定电缆的绝缘测试；数据分析模块对测试数据进行初步分析与处理，包括测量误差分析与处理、粗大误差点的剔除等；辅助功能模块完成自动关机、电源低电压报警、继电器组与高压产生模块电源的通断控制等。

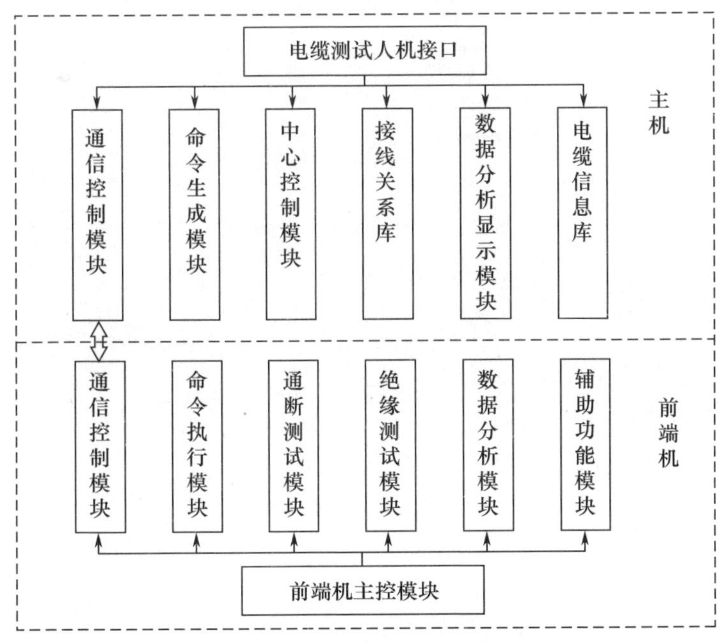

图4-7　电缆测试模块组成示意图

2）电缆测试工作流程

电缆测试工作流程如图 4－8 所示。包括了基本操作流程、信号传输过程、电缆测试与数据分析以及测试结果的显示等。

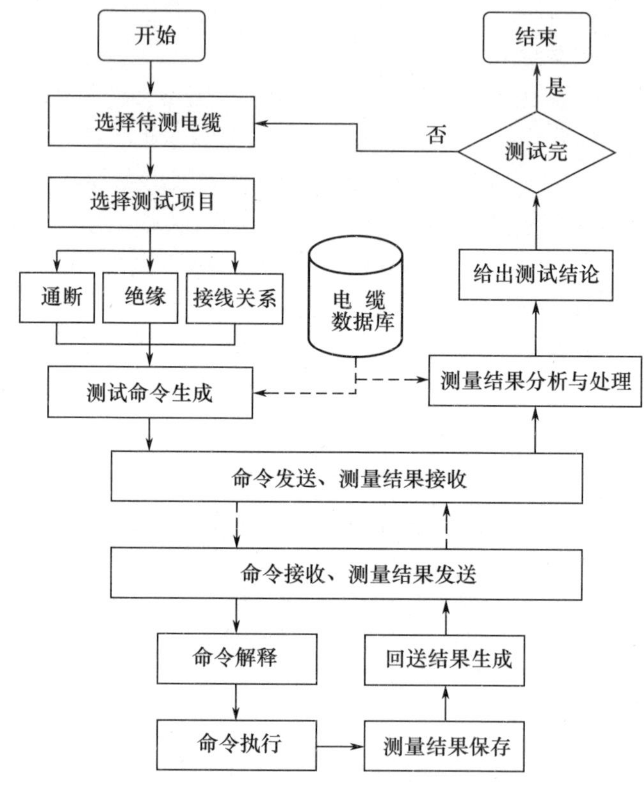

图 4－8　电缆测试工作流程

4.2.3.2　信息查询软件设计

信息查询模块是主机软件的重要组成部分，它主要完成各种电缆信息和接口信号信息的查询以及数据库维护等功能。

1）信息查询软件组成

信息查询软件组成示意图如图 4－9 所示。

人机接口模块用于用户查询条件的选择和输入；查询控制模块则根据查询条件选定查询的库对象，并生成查询命令；查询执行模块具体执行数据库的查询，包括不同库之间的关联等；查询显示模块采用层次法分层显示查询结果，方便用户使用；接线关系库、接口信号库、信号特征库以及未列出的电缆连接接口分布库、电缆位置编码库等构成整个系统测试或查询的数据基础；系统管理模块

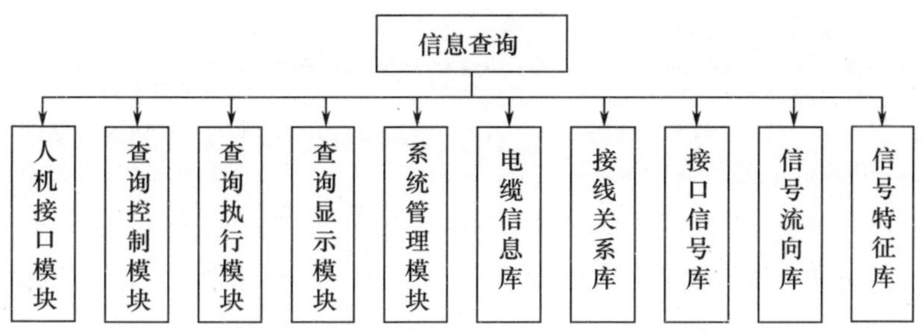

图 4-9 信息查询软件组成示意图

主要实现数据库的管理功能。

2）信息查询流程

信息查询的关键在于查询条件的设置，根据实际需要设置了"电缆编号""电缆位置""接口信号"三种查询方式。

如果明确知道电缆编号，可按"电缆编号"查询，这样只需一次即可定位。

如果知道电缆所连接的单体，但不知道具体编号，可先按"电缆位置"查询，得到连接到所选位置的所有电缆列表，然后根据系统提示信息即可方便地选取所需查询的电缆；如果同时输入电缆两端的位置信息，也可进行快速定位。

当在实际维修过程中或在熟悉电路原理时，如果只对某接口信号感兴趣，又不清楚它所在的电缆及其芯线号，可直接按照"接口信号"查询。由于接口信号表述的不唯一性，系统采用了匹配搜索技术，必要时还需借助电缆接线关系进行信号追踪。

信息查询流程图如图 4-10 所示。

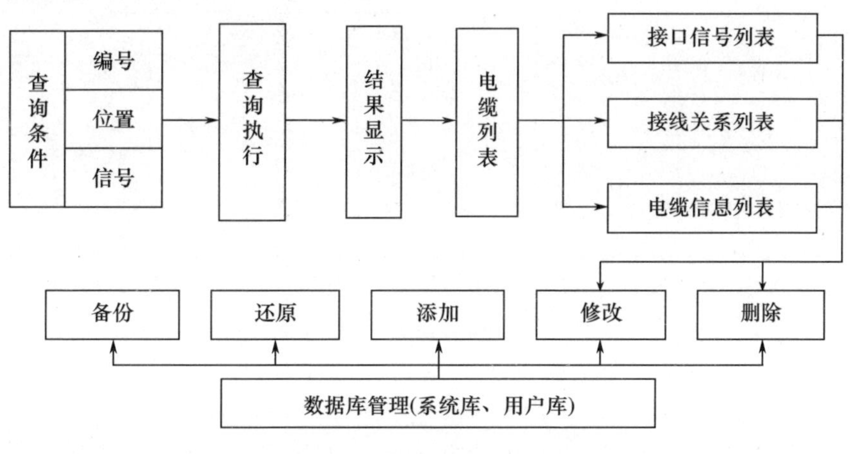

图 4-10 信息查询流程图

4.2.3.3 数据库结构设计

数据库是实现电缆测试与信息查询的重要基础。由于电缆数量多、信息种类多,信息应用场合又不尽相同,因此在进行数据库设计时,必须合理规划,按照系统需求和数据库设计原则进行最佳设计。

本系统中主要建立了电缆信息库、电缆接线库、接口信号库、信号流向库、信号特征库。此外,为了改善用户使用环境,还建立了位置代码库、测试接口分布库等。

1）电缆信息库(表 4-1)

表 4-1 电缆信息库

序号	电缆编号	芯数	位置 1	位置 2	头类型	连接头 1	连接头 2	标牌 1	……	厂家
1	195	41	018	191	2					
2										
…										

电缆信息库主要存储电缆的一般信息,供维修使用。“序号”仅表示记录位置,无实际意义。

“电缆编号”为实际电缆编号(只取序号部分),“位置 1”为测试人员所在的电缆一端连接的自行高炮上的单体位置,“位置 2”为电缆另一端连接的自行高炮上的单体位置。“头类型”是指电缆连接头芯线排列类型,取值为 1 ~ 6,分别对应“斜线型”“螺旋型”等 6 种类型。

2）电缆接线库(表 4-2)

表 4-2 电缆接线库

序号	电缆编号 1	电缆编号 2	芯数	Pin1	Pin2	…	Pin55	类型
1	0180195	140195	41	1	3		0	1
2								
3								
…								

电缆接线库用于存储电缆的接线信息。由于接线关系的复杂性,每根电缆的接线关系都应表示为一个二维表格,这样势必导致接线库过于庞大复杂,也不便于管理和操作。为了解决这一问题,首先将每根电缆的一端作为参考端,利用其芯线号作为库的字段使用(由于最多芯线数为 55,故设计相应字段为 Pin1 ~ Pin55),将另一端相对该端的芯线号填入相应字段即可。当参考端某芯线对应接线号与其他芯线重复时,填入相同内容即可;反之,当另一端有不止一根芯线

连接到参考端同一芯线时,将这些芯线号按每根芯线占两位进行组合即可。如果对应芯线未连接,填“0”。

例如:图 4－11 所示的电缆测试模型对应的接线关系应为:

序号	电缆编号 1	芯数	Pin1	Pin2	…	Pin55	类型
1	0180195	10	1	3		0	

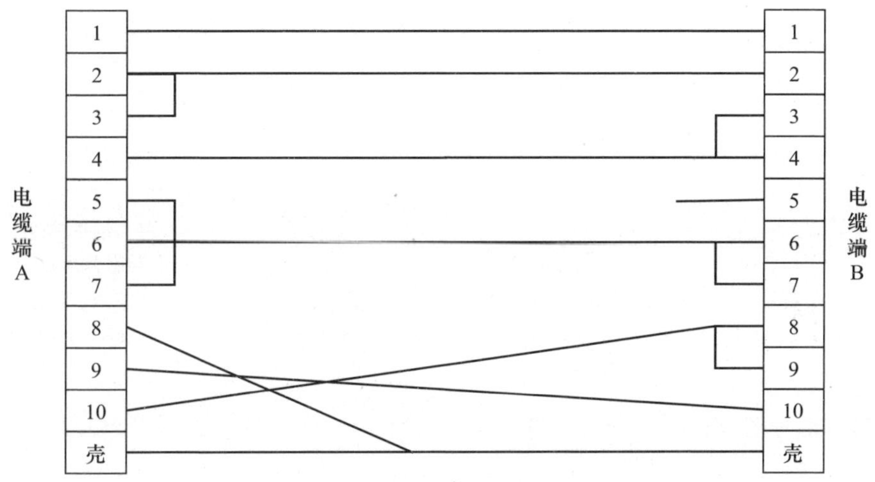

图 4－11　电缆测试模型示意图

电缆号与实际电缆的对应关系,为 2 对 1 的关系。主要是针对每根电缆有两端,它们可能不是一一对应的关系。此外,从方便使用来讲,测试者只需要知道他从何处获取的信号,而不需要知道信号/电缆通向那里。这样,每根电缆将对应两条记录。即库中的“电缆编号 1”和“电缆编号 2”字段分别是指同一根电缆的两端,它们是 7 位十进制数(×××××××),格式为“(高)3 位设备号(位置号)+1 位电缆标识 +(低)3 位电缆号”,高 3 位为设备号(位置号)。设备号是对应连接端的单体设备号或位置号,电缆号为实装上电缆的实际编号。为方便查询,定义为整型,通过取模/取余实现设备号和电缆号的分离。“电缆标识”用于区分同一编号的不同电缆和三端分支电缆等,如编号为 195、195A 的两根电缆标识分别为“0”和“1”。

例如:若火控计算机设备号为 S18,跟踪计算机的设备号为 S20,某电缆为 S18－202/K,则火控计算机端的电缆编号为“0180202”,跟踪计算机端的电缆编号为“0200202”。

“类型”字段指明电缆接线关系的类型,取值为“1～4”,含义分别为:

(1)“1”为两端接线“一一对应”;

(2)“2”为两端接线存在“一对多”;

(3)“3”为两端接线存在“多对一”;

(4)“4”为两端接线存在“多对多”。

该字段主要用于接线关系判定和绘制接线图。

3)接口信号库(表4-3)

表4-3 电缆接口信号库

序号	电缆编号(含设备号)	芯数	Pin1	Pin2	…	Pin55	特征
1	0180195	41	D11 数据高位	D10			1
2	1450195	41	PA7 数据高位				
3							
…							

“电缆编号”含义同上,字段“Pin1”~“Pin55”分别为对应芯线的信号特性。“特征”字段用于标识该信号是否在信号特征数据库中。这主要是由于接口信号数量过于庞大,且部分比较简单的信号没有必要提供波形。该库主要用于信号查询。

4)信号流向库

结构同上,Pin1~Pin55 的内容为信号流向,取值为0~3,其含义为:

(1)0 为空或未知;

(2)1 为输入;

(3)2 为输出;

(4)3 为双向。

通过信号流向库可以了解信号的传播方向,必要时可用来对信号进行追踪。

5)信号特征库(表4-4)

表4-4 接口信号特征库

序号	信号位置1	位置2	信号类型	幅度	周期	…	脉宽	波形
1	018019501	145019501	1		0.02			
2	018019502		1					
3								
…								

在信号特征库中,每个记录包含两个位置字段,也即每个信号对应两个位置号,这是由于信号从电缆一端到另一端时对应的芯线号可能不同,必须加以区分,而分别存储将造成极大的信息冗余。“波形”字段用于标识是否提供了该信号的典型波形。由于很多信号波形比较简单,而图形信息占用空间较大,所以将

其独立于库外以文件形式存储，文件名命名规则为“电缆类型号 + 电缆号 + 芯线号”，为进一步节约空间，采用 GIF 格式存储。

6）位置代码库（表 4 – 5）

表 4 – 5　位置代码库

序号	位置	代码
1		
2		
3		
…		

位置代码库用来存储炮车上各个单体以及部位对应的位置代码。设置位置代码库，可以将其他库中的位置信息利用代码表示，不仅方便查询，还减小了其他库的体积。

7）接口位置分布库（表 4 – 6）

表 4 – 6　接口位置分布库

序号	插座位置	芯数	类型
1			
2			
…			

接口位置分布库是为了方便用户使用而建立的。它指明了待测电缆应该连接到哪个接口组合、哪个插座上。“插座位置”采用“组合号（1 位）+ 插座号（2 位）”来表示，待测电缆通过“芯数”和“类型”进行检索。

4.2.3.4　主机与前端机通信设计

快速、可靠的通信是保证系统正常运行的关键，也是实现电缆测试的必备基础。掌上电脑具备串行通信、红外通信和 USB 通信能力，加装配件可增加 Modem 和网络接口。考虑到实际需求和应用场合，没必要采用后两种方式，又由于红外通信距离很近等限制也不能应用，而目前掌上电脑又不具备 USB 主机能力，因而只能采用串行通信方式。从所需传输的数据量和抗干扰、开发周期等方面考虑，采用串行通信也是最佳选择。

1）通信方式

基于对数据交换量、数据交换速率、通信可靠性、通用性等方面的考虑，采用了串行异步通信方式。

2）时序控制

在实际应用时，操作控制由主机进行，具体测试能否执行则依赖于前端机。

因此，主机应能随时获取前端机状态，特别是开机状态。所以控制时序以主机为主，通过周期性地发送探询信号（当需要节电时，也可只在需要时发送）、接收前端机的应答信号来获知前端机状态，判断连接是否正常。若连接正常，可在接收到应答信号 100ms 后发送测试命令，前端机收到后约经 150ms 发回回应信息，然后即可执行测试功能。测试完成后，在一次正常探询后，发送测试数据到主机，主机收到后发送回应信息，然后进行数据分析与处理。主机与前端机通信时序图如图 4－12 所示。

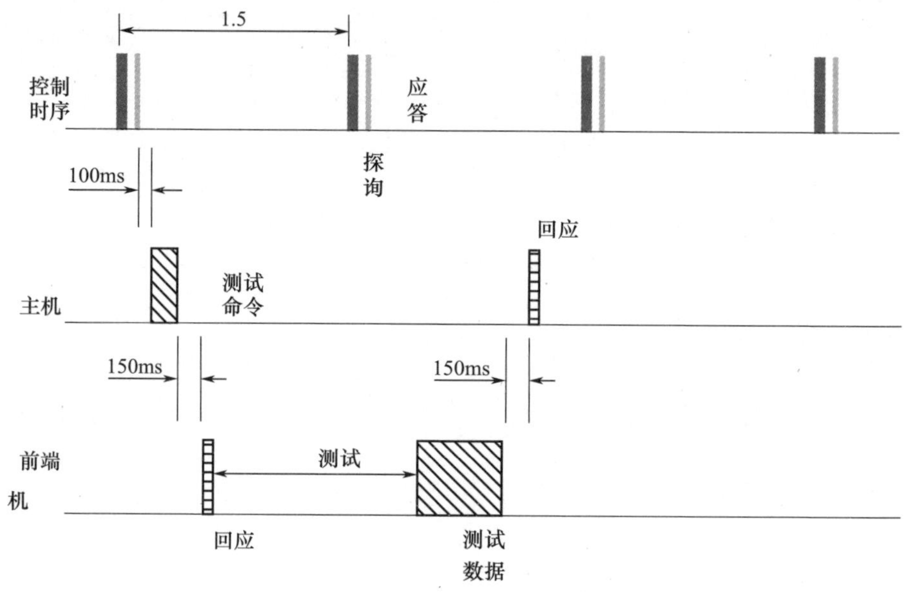

图 4－12　主机与前端机通信时序图

在通信过程中，差错控制通过每字节的校验位和数据块的校验和两种方法来保证。由于通信距离近，速率不是很高，完全能够满足实际需要。

3）数据交换格式

通信协议是保证数据交换正常进行的基础，数据交换格式的约定是具体实现数据交换的前提。本系统中数据交换格式如表 4－7 所列。

表 4－7　数据交换格式

数据（字节）	说明
0xXX	同步头
0xXX	
数据块长度	除同步头、校验和外数据块长度

（续）

数据(字节)	说明
命令标识	用于区分测试功能,1 个字节
内容	所需传送数据,长度不定
校验和	用于对除同步头外所有上述数据进行校验,1 个字节

4.3 主要技术及实现

4.3.1 单端测试原理与实现

鉴于自行高炮结构上的限制和前面提到的电缆测试的实际情况,如两端同时测试难以进行、通用仪表难以施展、取电困难等,大多数电缆难以利用传统手段在装备上进行测试,而不进行两端测试就不能判定电缆的连接性能。为了解决这个难题,本书创造性地提出了单端测试的想法。

4.3.1.1 电缆测试模型的建立

为了能对各种类型的电缆进行全面测试,在对自行高炮上所有电缆进行统计分析后,归纳出如图 4-11 所示的电缆测试模型。该模型表示了电缆两端的逻辑接线关系,主要包括如下几种情况:

(1) 一一对应连接(A 端芯线 1,B 端芯线 1);

(2) 多对一连接(A 端芯线 2、3,B 端芯线 1);

(3) 一对多连接(A 端芯线 4,B 端芯线 3、4);

(4) 多对多连接(A 端芯线 5、6、7,B 端芯线 6、7);

(5) 交叉连接(A 端芯线 9,B 端芯线 10;A 端 10,B 端 8、9);

(6) 与外壳直接相连(A 端芯线 8);

(7) 悬空线(B 端芯线 5)。

需要说明的是,上述模型并不包括具体的物理接口,但这并不影响基于上述模型对测试原理的讨论。下面所讨论的各项测试均以该电缆测试模型为测试对象。

4.3.1.2 电缆通断测试

电缆芯线连通状况检查是电缆测试最基本的内容,此即为电缆通断测试。通过该项测试可以发现并定位电缆断路、接触不良等故障。

电缆通断测试模型示意图如图 4-13 所示。

假定从电缆 A 端测量,则在电缆 B 端接上适配器。然后在主机上选择待测电缆,确定测试项目为“通断”,点击相应功能按钮。主控程序据此生成测试命

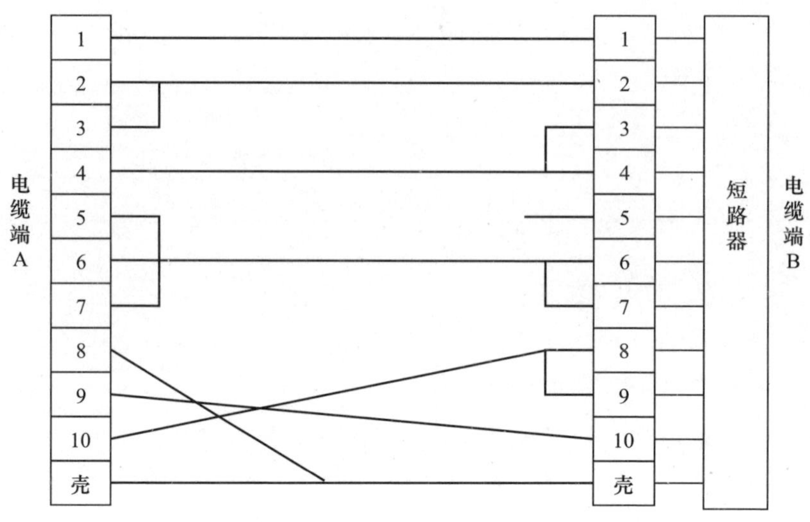

图 4-13 电缆通断测试模型示意图

令,测试前端机则对命令进行解析,转换成测试控制信号,控制矩阵开关实现对A端的快速逐芯扫描,扫描过程中使电缆A端未扫描到的芯线保持接到+5V上,通过电缆适配器与被测芯线(扫描到的芯线)形成回路,通过对返回信号的测量计算出导通阻值,据此即可判定该芯线是否连接正常。

图4-14为电缆通断测试工作状态原理示意图。从输入端经A/D转换测得电压值V_i,设标准电阻为R_o、电源电压为V_s,则导通电阻R_L为

$$R_L=[(V_s-V_i)R_o]/V_i$$

通过R_L的值即可判定是否正常和接触不良。

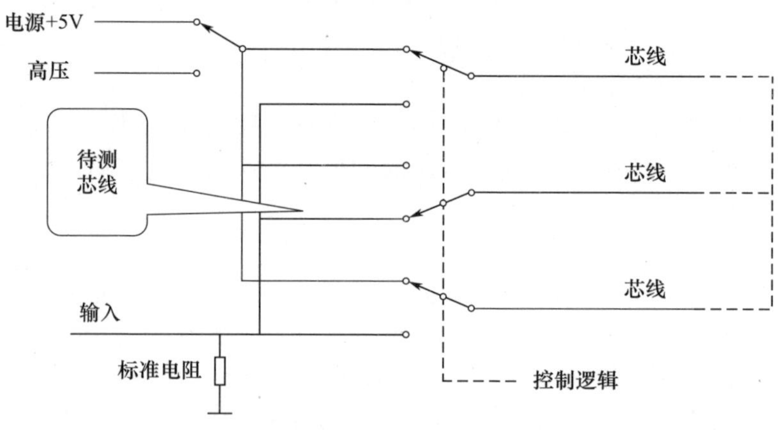

图 4-14 通断测试工作状态原理示意图

4.3.1.3 电缆绝缘测试

电缆绝缘测试的主要目的是发现短路和绝缘性能下降等故障，可将故障定位到芯线。它包括芯线与芯线之间的绝缘测试、芯线与电缆外壳的绝缘测试。

1）芯线之间的绝缘测试

测试原理示意图如图 4－15 所示。

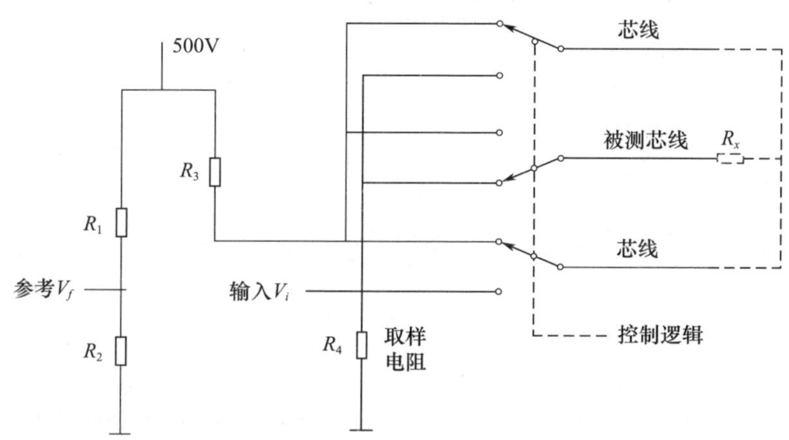

图 4－15　电缆绝缘测试原理示意图

图 4－15 中，Rx 为被测芯线与其他芯线之间的绝缘电阻，R_1 和 R_2 为测试用标准电阻，R_3 和 R_4 组成电压取样电路，其中 $R_1 = R_3$、$R_2 = R_4$。在测试时，将其他芯线加上高压、被测芯线与取样电阻相连，通过绝缘电阻形成回路，从取样电阻 R_4 上测量电压 V_i，设参考电压为 V_f。

由

$$V_f = R_2 \times V_0 / (R_1 + R_2)$$

$$V_i = R_4 \times V_0 / (R_3 + R_4 + R_x)$$

可求出绝缘电阻 R_x 为

$$R_x = (V_f / V_i - 1) \times (R_1 + R_2)$$

利用电缆数据库中电缆芯数、接线关系等信息，自动对全部芯线扫描测试，即可得到整个电缆所有芯线之间的绝缘情况。

2）芯线与电缆外壳之间的绝缘测试

原理同上，只需将所有芯线加上高压，然后将外壳与取样电阻相连即可。

4.3.1.4 电缆接线关系测试

将电缆通断测试与绝缘测试相结合，利用电缆接线数据库中的接线信息产生测试控制信号，并作为标准与测量结果相比较，即可达到接线关系测试的目的。

接线关系的测试主要分三步进行:

(1) 按照电缆通断测试原理,从电缆一端进行逐芯扫描,另一端保持开路状态。经过该步测试可获得测试端的芯线连接情况。

例如,对图 4-13 的电缆测试模型,使电缆 B 端开路,从 A 端进行通断测试,则可获取 A 端芯线连接关系,按数据交换格式分组表示如表 4-8 所列。

表 4-8 数据交换格式分组

组号	芯线号
1	1
2	2、3
3	4
4	5、6、7
5	9
6	10
0	8 接外壳

(2) 按照绝缘测试原理,从电缆一端进行分组扫描,另一端保持开路状态。经过该步可验证上述分组是否正确。

(3) 将测试结果与接线数据库进行比较,确定电缆接线关系是否与规定的接线关系相一致。

如果出现不一致情况,说明电缆接线关系有问题,根据测试结果可定位故障芯线号。

需要说明的是,如果要对接线关系比较复杂的电缆(如接线类型 3)进行全面测试,应该分别从电缆两端测试,以保证测试的全面性。对于未知电缆也可按照上述方法进行测试,但不能给出是否正常的结论,只能给出测试结果,作为人工判断分析的依据。

4.3.2 信号查询技术

对于自行高炮类复杂装备而言,进行多点信号测试和分析,逐步实现故障的隔离和压缩是故障诊断的重要途径。然而,选择测试信号后,如何在众多连接电缆中选定信号所在的电缆,如何在选定电缆中对测试信号进行定位,如何判定信号测量结果是否正常,如何获取信号的流向,都是十分棘手的事。为了解决上述问题,课题组通过调研、分析、实测、勘误等多种手段,总结归纳出了内容丰富翔实的技术资料,在此基础上创建了电缆综合信息数据库,包括了电缆测试和技术保障所需的各种数据,填补了相应维修资源匮乏的空白,为装备性能检测和故障诊断提供了重要依据。

4.3.2.1 数据库的组织和关联

系统的信息查询是以数据库技术为基础的,包括了数据库的组织、关联和各种搜索方式的运用,从不同数据库中提取出所需的信息,从而形成查询的综合结果,主要数据库及其关系如图 4－16 所示。数据库的组织、关联主要包括对电缆信息的数据结构描述、数据管理以及数据维护三个方面。

电缆信息的数据结构描述,以关系数据库为主要表现形式,充分利用了其在数据库系统方面完善,强大管理功能和可操纵性。以电缆编号作为主索引,分别建立了电缆基本信息表、电缆接线关系表、电缆信号定义表和电缆信号特征表,通过这四个表可以清楚准确地表达电缆所包含的信息元素,同时以电缆在装备上的连接位置和在测试系统中的组合连接位置为副索引,建立了位置代码表和接口分布表,通过这两个表可以明确地对电缆进行物理定位,从装备和测试两个方面为维修人员提供了依据。

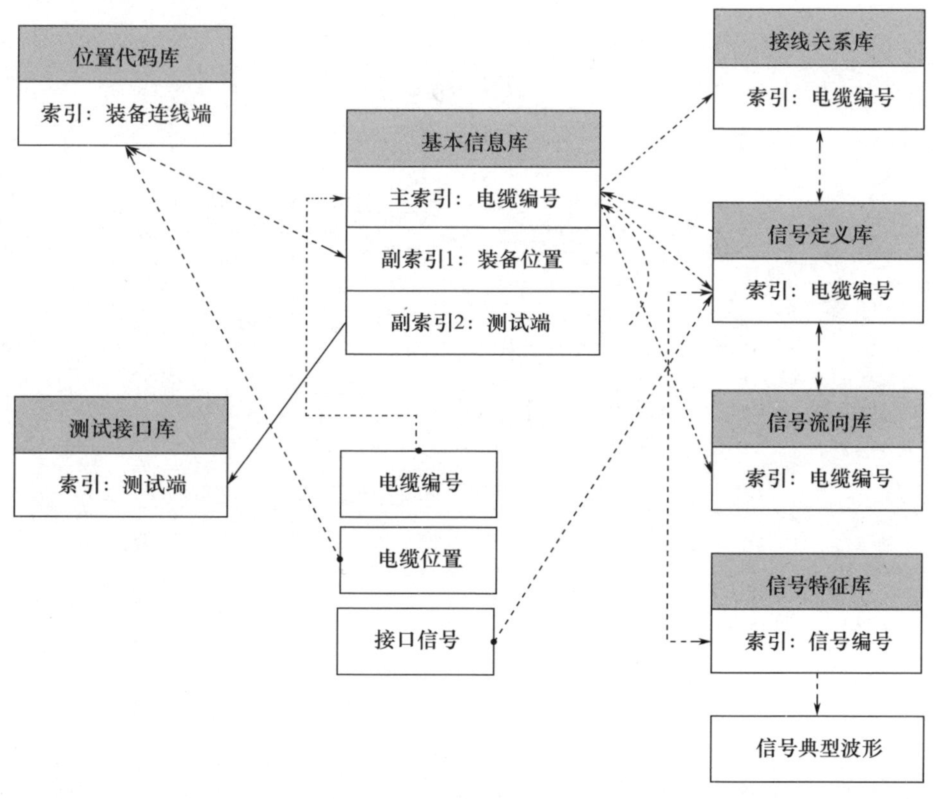

图 4－16　主要数据库及其关系

电缆信息的数据管理，采用了匹配搜索技术，通过索引提高数据的查询访问效率，以电缆编号主索引和物理位置副索引对电缆进行查询定位。然后对查询结果根据测试和查询要求进行数据挖掘，将其解释结果转变为表格、图形以及相应的测试命令等形式，使用户对电缆信息有直观形象的认识，同时为测试过程和测试结果提供了依据。数据查询的原理示意图如图 4-17 所示。

电缆信息的数据维护，主要采用了数据库的记录编辑以及备份还原技术，对系统实现相应的维护功能。记录编辑主要包括添加、删除以及修改三部分内容，通过维修人员的使用操作，根据操作命令进行数据定位，并提供相应的表格表现形式，然后将用户记录的操作转变为数据库操作语言，对系统的电缆信息进行维护操作。

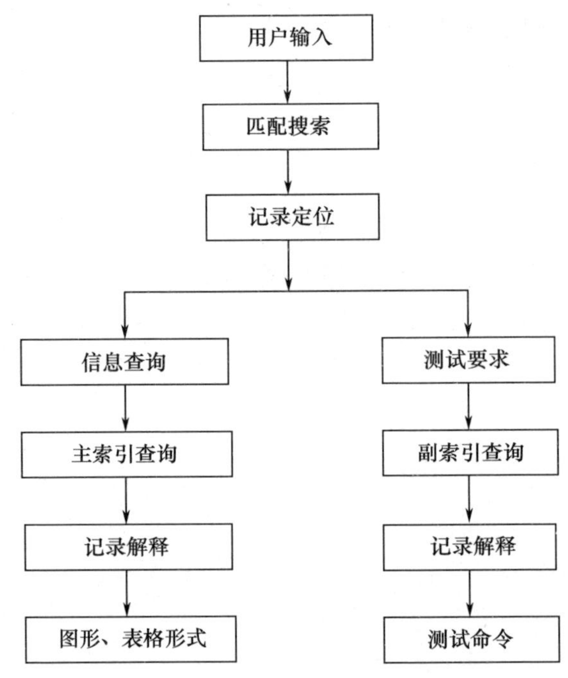

图 4-17　数据查询的原理示意图

4.3.2.2　信息查询的实现

在具体实现上，由于信号数量多、类型各异，并且在不同位置的表述有所不同，使得信号查询与信号追踪比较困难。针对这个情况，从实际工作需要出发，采用合理设置查询条件、精心设计查询流程，分层查询、逐步定位，数据项模糊匹配和精确匹配相结合，自动关联与人工判断相结合等技术和方法，实现了所需信息的快速、准确定位。

系统提供的接口信号库与电缆接线关系库和信号流向库相结合，可用于信号追踪，以获取所选信号的传播路径。另外，对于选定的关重信号，可以通过查询信号特征库获取信号的参数信息、典型波形等，以供技术保障人员熟悉原理或判断故障参考。

信息查询的主要步骤如下：

（1）根据需要，输入查询条件。

（2）根据输入条件，生成系统查询所需的内部数据，并确定查询的起始位置。例如：输入电缆编号或位置信息时，从电缆信息库开始查询；输入接口信号时，则从接口信号库开始查询。通常第一步只能进行模糊匹配，得到初步的查询结果。

（3）从初步结果中选取待查询电缆或待查询信号，然后据此生成新的查询条件，从相关数据库中搜索所需数据项。例如：对接口信号查询时，利用选中的信号所对应的电缆编号、电缆芯线号信息进行定位，并据此生成新的查询条件，然后根据需要进行信号特征查询，也可在此基础上进行信号传播路径分析。

（4）将获取的多个数据库中的多个数据项进行分类组合，形成不同类别的查询结果，通过不同的方式（数据列表、图示等）提供给用户。

（5）如果需要对信号进行追踪，则可根据上述查询结果形成新的查询条件，然后对电缆接线关系库和电缆信息库进行查询，获得信号的流向信息和位置信息；根据流向信息和电缆接线位置信息，再产生新的查询条件，继续进行信号追踪，直到无匹配结果位置。利用上述方法，即可得到选定信号完整的传播路径。

4.3.3 Pocket PC 数据库编程

数据库是电缆检测与信息查询系统的重要组成部分，是实现自动测试与信号查询的基础。数据库编程是系统软件开发的主要部分。由于掌上电脑采用的是 WinCE 3.0 中文操作系统，它与 Windows 98/Me/2000/XP 等有很大差别，其数据库编程比较复杂。考虑到 WinCE 3.0 中已经集成了对 Access 数据库的支持，因此数据库的建立采用 Access 2000 来进行。

1）Windows CE 数据库中的数据类型及编程

一个数据库由一系列的记录组成，记录中又包括若干字段，这些字段可以具有不同的属性或数据类型。在 Windows CE 数据库中，这些属性与普通数据库中的数据类型有所不同，它具体可以是下面数据类型的一种：

（1）IVal：2 字节的有符号整型数；

（2）uIVal：2 字节的无符号整型数；

（3）IVal：4 字节的有符号整型数；

(4) uIVal:4 字节的无符号整数;

(5) FILETIME:时间和日期结构;

(6) LPWSTR#以 0 结束的 Unicode 字符串;

(7) CEBLOB:字节的集合;

(8) BOOL:布尔值;

(9) Double:8 字节的有符号值。

记录是数据库操作的基本数据集,它只能驻留在一个数据库中,数据库中的记录根据系统环境不同而有不同的数目限制。应用程序能操作的最大记录数也与所用的数据库引擎等密切相关,如用 ADOCE 访问数据库就有记录数必须小于 65536 的限制。另外,在 Windows CE 数据库中记录不能锁定,因此在多个进程或线程访问数据库时要特别注意。

Windows CE 3.0 以前的数据库最多能有四种类型的索引,后续版本允许八种索引。这些索引是在创建数据库时定义的,但可以在后来重新定义,虽然重新构造数据库要花很多的时间。每种类型的索引本身也会导致相当数量的开销,所以应该根据实际需要来限制合理的索引数量。

Windows CE 提供的仅是最基本的数据库功能,Windows CE 应用程序对数据库的编程一般基于 Windows API 来进行。一些专用的开发工具提供了一些数据库操作类和控件,以简化编程。

2) 数据库的创建

系统中主要的数据库均在 Access 2000 中建立,但系统运行中的临时库则需要动态生成,其记录也需要随时进行添加和删除等操作。

利用 RAPI 函数 CeCreateDatabase 或者 CeCreateDatabaseEx 可以创建一个新的数据库,创建的库应在对象存储空间内或在已经安装的卷内。安装卷采用 CeMountDBVol 函数实现,源代码如下:

```
CDatabase g_DB; // 创建数据库对象
  bool CDatabase::MountVol()
  {
    //安装卷
    BOOL bResult = CeMountDBVol(
          &m_guid,                          // 卷标识
          TEXT ("\\My Documents\\CEDB.cdb"),  //数据库完整路径和文件名
                OPEN_ALWAYS);  // 标志
                // 根据执行成功与否返回 TRUE 或者 FALSE
    return bResult ? true : false;
  }
```

创建数据库的源代码如下：

```
bool CDatabase::CreateDB()
{
    //创建库
    CEDBASEINFO ced;                    // 库信息
    ZeroMemory(&ced,sizeof(CEDBASEINFO));
    ced.dwSize = sizeof(CEDBASEINFO); // 获取库信息头大小
    ced.dwFlags = CEDB_VALIDNAME;              // 设置标志
    wcscpy(ced.szDbaseName,TEXT("CEDB")); // 数据库名
    m_oid  =  CeCreateDatabaseEx(
                &m_guid,               // 数据库 ID
                &ced);                 // 数据库信息
    if(m_oid)   return true;
    else        return false;
}
```

此外，数据库的创建也可使用 CeCreateDatabase 函数，声明如下，具体可参考 EVC 或者 MSDN 的帮助。

3）数据库的打开

数据库的打开可通过 RAPI 函数 CeOpenDatabase 和 CeOpenDatabaseEx 实现。以后者为例，示意源代码如下：

```
bool CDatabase::OpenDB()
{
    m_hDB = CeOpenDatabaseEx(
        &m_guid,                    // 数据库 ID
        &m_oid,                       // 数据库标识字
        TEXT("CEDB"),       // 数据库文件名
        0,                            // 排序属性 ID
        0/*CEDB_AUTOINCREMENT*/,//读取记录时，指针自动递增
        NULL);                      // 不接受通知信息
    //返回打开库是否成功信息
    if(m_hDB != INVALID_HANDLE_VALUE) return true;
    else return false;
}
```

4）数据库记录的读取

通过 ReadRecord 函数实现，源代码如下：

```
bool CDatabase::ReadRecord(CRecord &record)
```

```
{
    BYTE  * prgBuffer = NULL;
    DWORD dwBuffer = 0;
    WORD wPropId = 0;

    CEOID oid = CeReadRecordPropsEx(
            m_hDB,                          // 数据库句柄
            CEDB_ALLOWREALLOC,// 读取标识
            &wPropId,               // 读取所有属性
            NULL,
            &prgBuffer,             // 缓冲区指针,存放读取的记录属性
            &dwBuffer,              // 缓冲区大小 r
            NULL);
    if(oid)   {   //读取数据库记录
      record.PropValToRecord((CEPROPVAL  * ) prgBuffer);
              delete prgBuffer;   // 删除缓冲区指针
              return true;
    }
    else{
      delete prgBuffer;
      return false;
    }
    }
```

5）数据库记录的查询

通过 SeekDB、CeFindAllDatabases、CeFindFirstDatabase、CeFindFirstDatabaseEx、CeFindNextDatabase、CeFindNextDatabaseEx 等函数实现。

以 SeekDB 为例,示意源代码如下:

```
bool CDatabase::SeekDB(DWORD dwSeekType,DWORD dwValue)
{
    DWORD dwIndex;
        CEOID oid = CeSeekDatabase(m_hDB,   // 数据库句柄
            dwSeekType,       // 搜索类型
            dwValue,          // 搜索操作的值,取决于搜索类型
            &dwIndex);   // 搜索结果记录的索引号,不能为 NULL
      if(oid)            return true;
      else          return false;
}
```

6）数据库记录的添加

```
bool CDatabase::AddRecord(CRecord record)
{
        CEPROPVAL* prgPropVal = record.NewPropVal();
        CEOID oid = CeWriteRecordProps (
            m_hDB,          // 数据库句柄
            0,                    // 创建新记录
            5,                    // 5 个属性字段
            prgPropVal);          // CEPROPVAL 结构指针,存放字段值
        record.DeletePropVal(prgPropVal); // 删除临时指针
        if(m_oid)   return true;
        else        return false;
}
```

7）数据库记录的删除

```
bool CDatabase::DeleteRecord(int nIndex)
{
        //回到数据库起始位置
        DWORD dwIndex;
        CEOID oid = CeSeekDatabase(m_hDB,CEDB_SEEK_BEGINNING,nIndex,
&dwIndex);  // 查找待删除记录
        ASSERT(oid);  // 进行记录删除
        BOOL bResult = CeDeleteRecord(m_hDB,oid); // 返回操作结果
        return bResult ? true : false;
}
```

4.3.4　Pocket PC 串行通信编程

目前由于掌上电脑还不具备 USB 主机功能,因此只能作为 USB 终端使用。当它作为控制机时,只能通过串行端口、红外口等进行通信。由于电缆测试中数据传输量不大,并且红外通信速率低、距离近、抗干扰能力差,因此采用了串行通信方式作为主机与前端机数据交换的途径。

在 Windows CE 上进行串行通信编程原理与台式机等相同,但由于 Windows CE 设备和串行通信编程的特殊性,在具体实现时特别要注意以下方面。

1）串行端口的打开

在所有的流设备驱动程序中,均使用 CreateFile 来打开串行端口设备。所使用的名称要遵循一个准则,即 COM 后接要打开的 COM 端口号再加一个冒号。冒号是 Windows CE 所必需的,它是为了区别于 Windows NT 或 Windows 98 中用

于设备驱动程序的命名规则。下面的程序行以读写方式打开 COM1 端口：

hSer = CreateFile(Text("COM1:"),GENERIC_READ|GENERIC_WRITE,

0,NULL,OPEN_EXISTING,0,NULL);

这里必须将 0 传递到共享参数以及 CreateFile 的安全属性和模板文件参数中。

Windows CE 不支持设备的重叠 I/O,因此不能在参数 dwFlagsAndAttributes 中传递 FILE_FLAG_OVERLAPPED 标志。返回的句柄或者是已打开的串行端口的句柄,或者是 INVALID_HANDLE_VALUE。

此外,与大多数 Windows 函数不同,在打开失败时,CreateFile 不会返回 0。

2）接收缓冲器的大小调整与释放

串行通信中,收发缓冲器的管理是影响通信性能的重要因素。系统默认的接收缓冲器的大小一般是 512kB,它是一个先进先出队列。如果输入数据太多,它就会溢出,数据也会丢失,而此时会得到 serLineErrorSWOverrun 错误。

如果要接收的数据很多或者很少,应当调整接收缓冲器的大小,以便适应数据输入,这可以通过 SerSetReceiveBuffer 来实现。当数据接收完成之后,应确保在关闭端口之前事先释放缓冲器的空间,它仍然通过调用 SerSetReceiveBuffer 将缓冲器大小设为 0 来完成。这是因为关闭串口本身不会自动释放接收缓冲器的空间,所以如果不主动释放的话,就会造成内存泄漏,丢失这部分的内存空间。这对内存空间本就紧张的掌上电脑来说是个很严重的问题。

本系统中尽管数据传输量不大,但串行端口打开与关闭频繁,如果管理不善,将会造成严重影响。

3）数据接收超时问题

在对电缆进行接线关系测试或系统自检时,需要连续执行多个命令,前端机回送数据较多,如果数据接收不完整将导致测试失败。因此,主机在串行通信读取数据时,采用了超时监控设计。主要包括两步:第一步是调用 SerReceiveWait,暂时阻止程序运行,直到有一定数量的数据传入到缓冲器后再继续运行。在此过程中,为了防止等待超时造成系统“死机”,通过对 SerReceiveWait 设置实现内部对超时的监控。该内部超时计数器在每收到一个字节的数据后都会重新归零,重新开始计数。如果计数器计数满了,会产生一个 serErrTimeOut 错误。当 SerReceiveWait 返回后,第二步就是调用 SerReceive 来将数据从缓冲器里读取出来。

计数器只会从正确接收一个字节以后才重新归零计数,而不是每一个字节都归零。例如,如果调用 SerReceiveWait 来等待一个 200 字节的数据,而计数器设为 50 次,那么 SerReceiveWait 返回的情况有两种:正确接收 200 个字节完毕,或者计数器数到了50。在最慢的情况下,如果某个字节在计数器数到49时才接收成功,那么SerReceiveWait并不认为是超时。

利用SerReceiveWait进行超时监控,还有利于降低功耗。因为在等待下一个输入的数据时,它会将掌上设备的处理器设为低功耗运行状态,这无疑对延长连续工作时间非常有利。

4）串口管理

为了节约电力,延长工作时间,一个重要措施就是应尽可能缩短串口打开时间。只有在需要发送测试命令时,才打开串口,收到测试数据后立即关闭串口,直到下次测试再打开。由于一次测试所需时间很短,因而采用上述措施后,绝大多数时间掌上电脑的串口将处于关闭状态。

第 5 章　火控及电气系统故障隔离仪

5.1　概述

弹炮结合武器系统组成复杂、技术先进，对其技术保障的难度大、要求高。目前实际唯一可以依赖的维修保障设备就是连检测车，该检测车是由工业方与主装备同步研制的配套装备。实际应用表明，连检测车存在一定不足，主要表现为：系统性和针对性差（连检测车中的检测设备都是多个厂家单独研制的单体检测设备，缺乏系统性和部队检测维修的针对性）、覆盖面窄、功能单一、缺乏维修资源支持。

火控及电气系统故障隔离仪一方面可以实现故障由系统级到单体级的诊断，另一方面可以大大提高已有检测设备的利用效率。

5.1.1　系统组成

火控及电气系统故障隔离仪采用分体式结构，主要由主控计算机（简称“主控机”）、前端测试计算机（简称“测试机”）、通信控制盒和连接电缆等附件组成。其组成示意图如图 5－1 所示。

图 5－1　故障隔离仪组成示意图

主控机采用笔记本电脑（也可采用台式机等），通过网络采用 C/S 机制与测试机进行通信，根据测试人员的操作发出测试指令，等测试完成后接收测试机的测试数据和初步分析结果，然后进行进一步特征提取、数据时序分析，并执行显示功能等。

测试机置于火控炮塔内，通过炮塔回转电路连接装置、控制盒实现与外部主控机的交互。在主控机控制下完成各项数据采集任务，同时对数据进行简单分析，然后通过数据传输模块传输给主控机。测试时，炮手进行规定的操作，不必关心测试过程，所有测试均由测试人员通过主控机完成。为了提高数据传输可靠性，测试机与主控机之间采用 485 总线连接。

通信控制盒主要完成主控机和测试机之间的数据通信接口适配，测试机的启动、复位等控制以及测试仪工作状态的指示等。

测试附件主要完成测试仪各部分之间、测试仪和被测火控系统之间的物理连接。

5.2 系统设计与实现

5.2.1 总体设计

系统硬件设计主要采用主控机作为平台，采用 PCI 总线结构。系统软、硬件结构主要包括了以下模块(图 5 –2)。

1) 数字信号采集模块。针对不同的接口信号，根据测试信号数据库，自动设定采样参数；并根据测试需求、信号分布，自动配置接口电路，设置好触发信号、基准信号等。然后，将接口信号利用预定的采样方式采集到相应的缓冲区。

2) 模拟信号采集模块。根据测量对象的不同设定采样参数，必要的时候进行开关切换控制等，然后将信号采集到对应的缓冲区。

3) 数字滤波模块。针对上述采集数据进行数字滤波，以滤除干扰信号。

4) 采集时序控制模块。根据整个测试要求和测试对象，生成采集控制时序。

5) 信号分析处理模块。主要包括接口信号预处理、内容或特征提取等。

6) 轴角信号采集模块。实现基于通用 A/D 转换的、软件和硬件相结合的轴角数字转换。

7) 硬件数字轴角转换(DSC)模块。

8) 数据库模块。建立并管理信号测试库、信号分布库、典型故障库等。

9) 故障诊断与显示模块。在测试控制和信号采集、分析、特征提取的基础上，进行故障诊断。并将各种数据、结果进行显示。

10) 系统自检模块。在主控机控制下，对测试机的各组成部分进行自检。

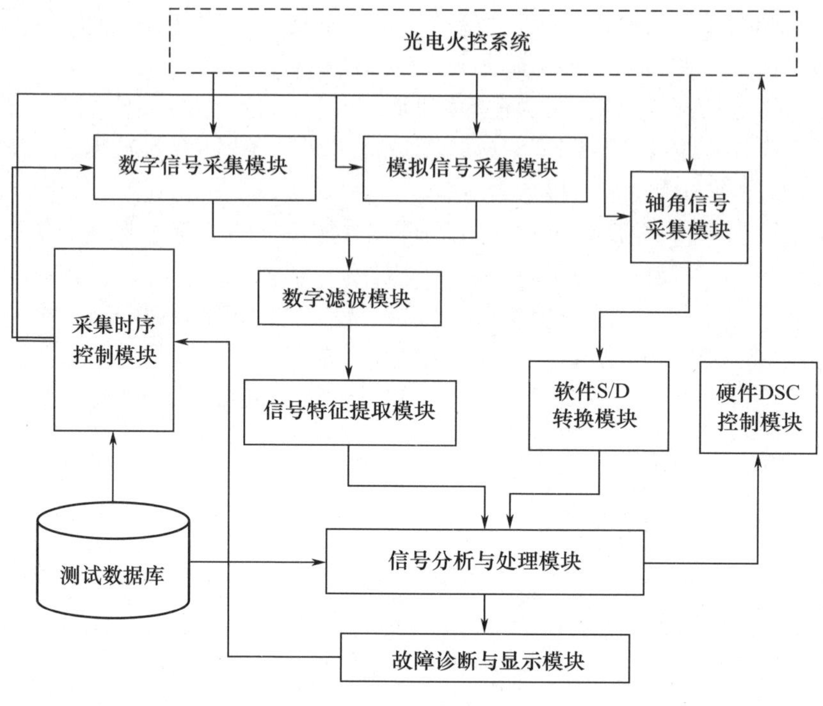

图 5－2　系统结构图

5.2.2　基于 FPGA 的接口电路设计

5.2.2.1　基于 FPGA 的 PC104 总线接口设计

采用 FPGA 设计 PC104 总线接口电路大致逻辑框图如图 5－3 所示，FPGA 内部不但可实现接口逻辑，还可实现其他功能电路的控制逻辑。在其内部实现的接口控制逻辑主要分地址译码、总线收发和控制逻辑三部分，下面分别介绍。

1）地址译码电路

PC104 共有 24 根地址线，寻址能力可达 16MB，但在实际使用中，通常只使用 A0－A9 10 位地址线，可用 I/O 端口为 1024 个。根据 DSC 和 SDC 模块的需要，A0－A3 为偏移地址，经 FPGA 内部译码产生选通信号。A9－A3 为基地址，由一个八位的 DIP 开关控制（图 5－4），当 DIP 的对应位为"ON"时，选择相应地址为"0"；对应位为"OFF"时，选择对应地址为"1"，此控制逻辑由 FPGA 实现。其工作原理如下：当 AEN 为低，即 PC 机处于非 DMA 周期，此时如果地址输出 A9－A3 与 DIP 地址译码相符，表示选通此模块，与 IOW#和 IOR#组合便可对偏移地址数据进行读写操作。

2）总线收发

FPGA 内部总线收发逻辑功能主要包括根据读写信号对数据位 D0 – D7 和 SD8 – SD15 传输方向有效控制和写数据锁存功能。

3）控制逻辑

FPGA 内部控制逻辑电路主要包括对 PC104 总线的中断优先级控制、DMA 控制和时钟控制。

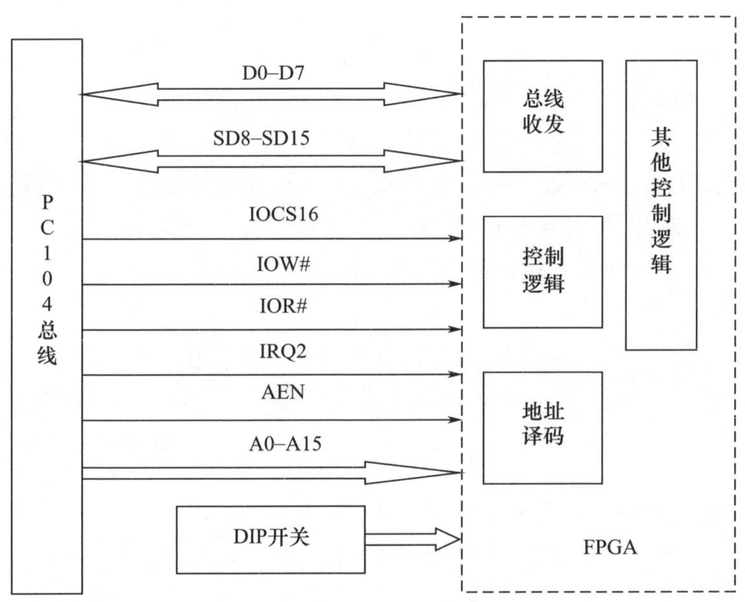

图 5 – 3　PC104 接口逻辑框图

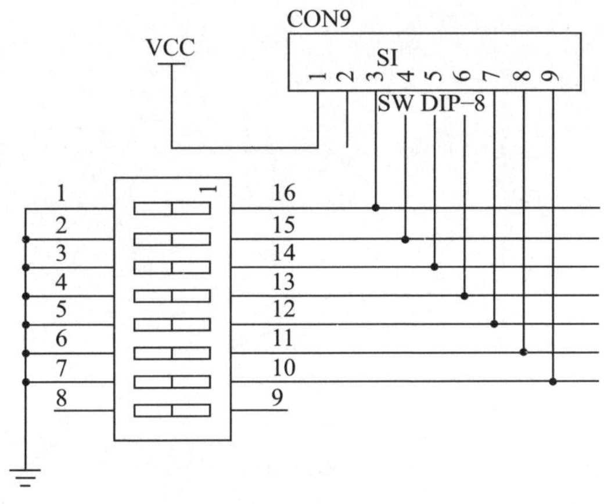

图 5 – 4　基地址选择电路

5.2.2.2 基于 FPGA 的数字接口设计

鉴于本系统针对多种型号装备，且各测试点信号种类较多、数量很大，每个节点分别设计接口模块势必造成系统的庞大和复杂，因此专门设计了适用于系统级多点同时测试的接口模块和单点复杂条件下的测试接口模块。

为了解决信号多与硬件通道少的矛盾和待测信号在插座分布上不一致带来的测试困难，实现待测信号与测试通道的动态分配和硬件资源的分时共享，都需要矩阵开关模块。

此外，系统性能测试还要强调信号采集的同时性，即所采集的数据必须能够反映某一时刻的动态工作状态。因而，不同测试点的数据应该是在系统一次时钟周期内完成的。针对这种情况，不仅要具备能够快速切换的矩阵开关功能，还必须利用灵活的信号触发采集技术，保证所有测试点数据在一个系统时钟内全部采集完毕。因此，触发信号的动态控制也需要矩阵开关。通用数字矩阵开关接口电路板的原理如图 5－5 所示。

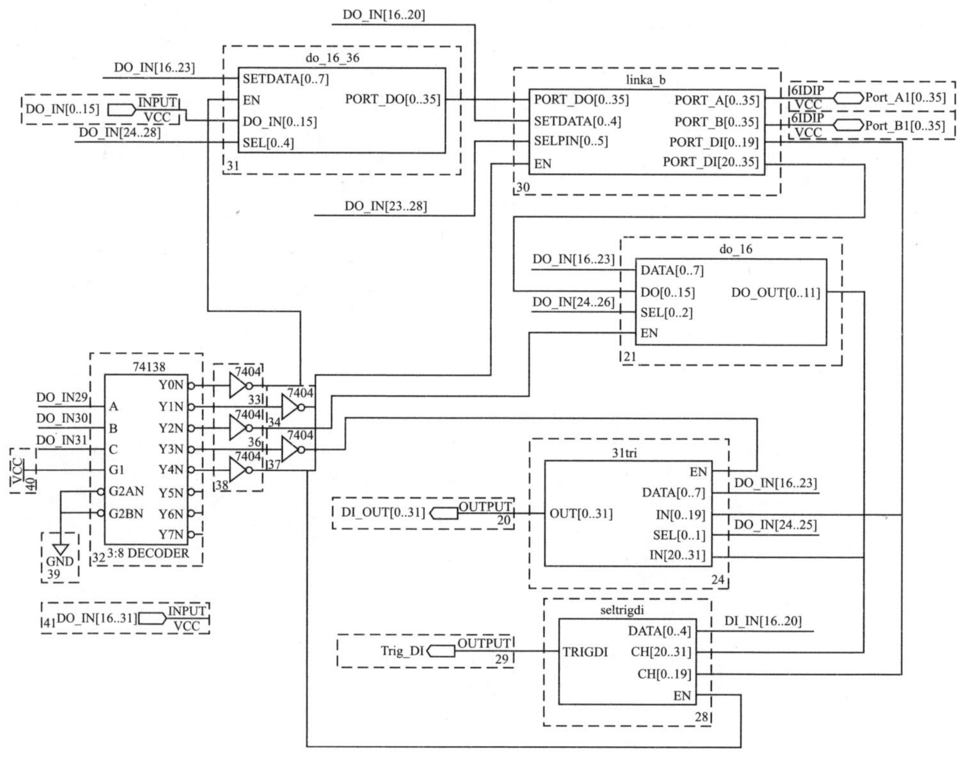

图 5－5　数字接口电路原理图

通用数字接口电路板的 PCB 图如图 5 -6 所示。

图 5 -6　数字接口电路板的 PCB 图

5.2.3　轴角—数字转换（SDC）模块设计

三相交流同步机又称自整角机，在传统的测角跟踪系统与机电模拟解算系统中，它们都是重要的组成部件。由于测量精度高、性能稳定、工作可靠等原因，三相交流同步机广泛应用于军用与民用的测量与控制系统中。在火控系统中射击诸元（偏角、射角）就是通过同步机传输的。现在市场上一般都有与他们相配套的多种型号、规格的模/数转换器专用集成电路或模块，以满足与数字系统相接口的要求。

基于以上考虑，决定采用 FPGA 开发 PC104 总线 SDC 模块，由 FPGA 控制所有路的 AD 转换和数据存储，并一次传输给主控设备，这样极大地减轻了主控设备的负担。所开发的基于 FPGA 的 PC104 总线 SDC 模块，在火控计算机综合性能测试仪中的应用，既利用了 USB 总线热插拔、即插即用和小巧灵活的特点，也克服了 USB 的速度缺陷。而且，不需改变硬件，只要更换一片存储逻辑程序的 EPROM，即可实现所需采集通道配置，以适应不同型号火控计算机的测试。

FPGA 外部功能电路和 FPGA 内部功能电路。其中，外部功能电路包括：前端调理电路、采样保持和 A/D 转换电路、正峰值采样脉冲生成电路；内部功能电路包括：A/D 转换控制逻辑、存储逻辑电路（图 5 -7）。

5.2.3.1　硬件电路分析

目前，轴角数字转换的硬件实现主要有两类：一类是开环式的轴角数字转换。此种转换方式电路简单但精度低，主要原因是在测量时间间隔过程中 θ 如有变化，测量值就不能反映出来；另外，激磁电源的频率如有变换，也可导致测量相位的误差。另一类是闭环式的轴角数字转换。此种转换方式精度高，有些专

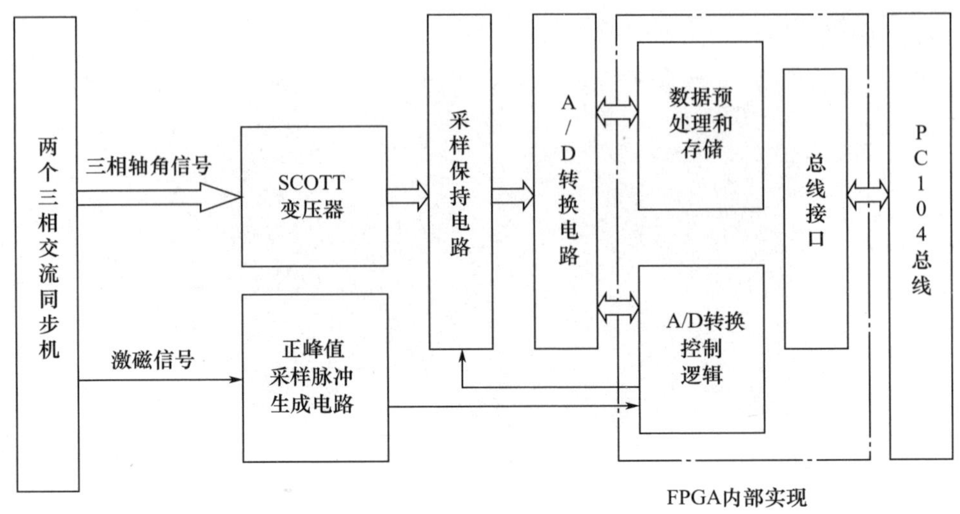

图 5-7　SDC 模块结构图

用模块精度可达 ±40″,但电路复杂。

通过分析,轴角数字转换模块拟采用 12 位 A/D 转换芯片 MAX198,此芯片的单通道采样时间约为 6μs。而高炮火控系统射击诸元的传输一般采用 4 个同步机,每个同步机需要采样正弦和余弦 2 路信号,则 4 个同步机共需采样 8 路信号,若采用 FPGA 直接对 8 路通道进行 A/D 转换,需要用时 48μs。考虑到测试系统同一时刻可能还要采集其他模拟量,若按每个采样周期采集 16 路信号来计算,则一个采样周期则至少需要 96μs。SDC 模块实时性指标按一般高炮火控系统方位角具有最大跟踪角速度时,其测量误差不大于 0.5mil 要求进行计算。已知一般高炮火控系统方位角最大跟踪角速度为 80°/s(1333.3mil/s),在 96μs 的采样时间内,对应方位角最大变化量为

$$|\Delta\beta| = 0.000096\text{s} \times 1333.3\text{mil/s} = 0.128\text{mil} < 0.5\text{mil}$$

考虑到一般高炮火控系统只有在目标速度较高、航路捷径很小时才会出现最大跟踪角速度,因此其出现的概率很小。

通过以上分析,根据现有装备火控系统的轴角转换的精度要求,如果采用 FPGA 实现对多通道 A/D 转换的直接控制,和选用高速转换的 A/D 芯片,采用开环轴角数字转换完全可实现精度要求,所以采用此方案。

5.2.3.2　FPGA 外部功能电路

1) SCOTT 变压器

同步机以变压器原理为基础,激磁一般为 50Hz 或 400Hz 正弦交流电压,输出信号为三相交流信号。当同步机转子相对定子离开起始位置转角为 θ 时,输

出交流感应电势与转角 θ 的函数关系为

$$\begin{cases} V_{BC} = K_s U_m \sin\omega t \sin\theta \\ V_{AB} = K_s U_m \sin\omega t \sin(\theta + 2\pi/3) \\ V_{CA} = K_s U_m \sin\omega t \sin(\theta - 2\pi/3) \end{cases}$$

一般轴角数字转换前都将三相交流同步机输出信号,通过 SCOTT 变压器转换为两相正弦和余弦信号。所谓 SCOTT 变压器就是由各线圈匝数比满足一定关系要求的两个变压器组成。根据图 5-8 的变压器 T_1 的变压比例关系可得

$$V_{O1} = \frac{w_3}{w_1} V_{BC} = \frac{w_3}{w_1} k_0 U_m \sin\theta = K\sin\theta$$

又根据变压器 T_2 的变化关系可得

$$V_{O2} = \frac{w_4}{w_2} V_{DA} = \frac{w_3}{\frac{\sqrt{3}}{2} w_1} V_{DA}$$

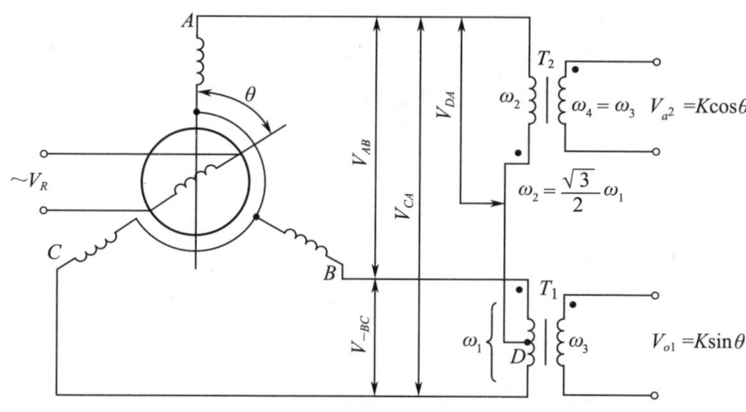

图 5-8　实现三相/两相转换的 SCOTT 变压器

由于 D 是 w_1 的中心抽头,由图 5-8 可得

$$\begin{aligned} V_{DA} &= \frac{1}{2} V_{BC} + V_{CA} \\ &= \frac{1}{2} k_0 U_m \sin\theta + k_0 U_m \sin(\theta + 120) \\ &= \frac{\sqrt{3}}{2} k_0 U_m \cos\theta \end{aligned}$$

代入上式即可得

$$V_{O2} = \frac{w_3}{w_1} k_0 U_m \cos\theta = K\cos\theta$$

式中:K 为一个与参考激励电压 V_R 以及同步机结构参数有关的常数;输出电压 V_{O1} 和 V_{O2} 为交流有效值;k_0 为变压比常数。

2）SCOTT 变压器的电子电路

用电子电路也可实现 Scott 变压器的转换功能,其电路如图 5－9 所示,图中运算放大器 A_1 组成减法器电路,可求出同步机输出 B 相与 C 相的差值:

$$V_{O1}=V_B-V_C=V_{BC}=k_0U_m\sin\theta$$

式中:V_{BC} 为同步机 B 相与 C 相之间的线电压。

还可以从这部分电路得到公共端的电位。A_1 的输出 V_{O1} 是对 G 而言的,$V_{O1}=V_{BC}$,考虑到 V_B 和 V_C 是没有直流分量的正弦交流量,不存在共模分量,G 就是差动信号的平衡点,因此 $V_{BG}=V_{BC}/2$。A_2 是反向比例放大器,其输出取决于:

$$\begin{aligned}V_{O2}&=-\frac{2}{\sqrt{3}}V_{AG}=-\frac{2}{\sqrt{3}}(V_{AB}+V_{BG})=-\frac{2}{\sqrt{3}}\left(V_{AB}+\frac{1}{2}V_{BC}\right)\\&=-\frac{2}{\sqrt{3}}\left[k_0U_m\sin(\theta-120)+\frac{1}{2}k_0U_m\sin\theta\right]\\&=k_0U_m\cos\theta\end{aligned}$$

电子式三相/两相转换器具有可集成化、微型化等优点,无疑是代替传统的 Scott 变压器较好方案。

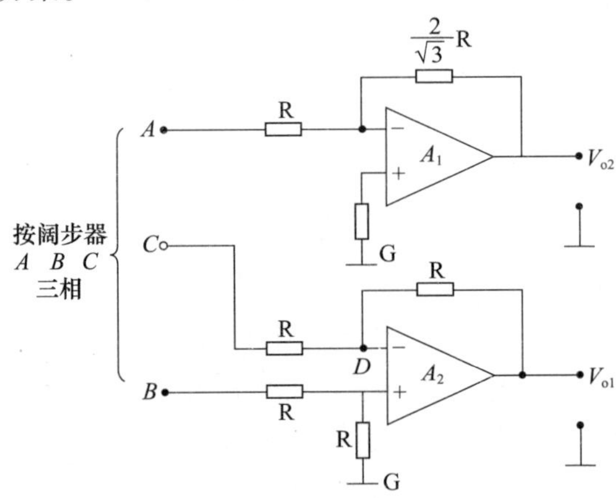

图 5－9　电子式 Scott 变压器转换电路

3）采样保持电路

因为通过 Scott 变压器的两相输出求 θ 角,要求同一时刻的采样值,另外火控系统一般要求测量两个参数,且每个参数由粗精组合同步机系统表示(4 路模拟输入),一共是 8 路同一时刻模拟输入,所以在模拟输入前加采样保持电路。如图 5－10 所示,采样保持器采用 LF398,基准脉冲 SPulse 是程控脉冲,由激磁电压经硬件电路变换生成的正峰值采样脉冲。

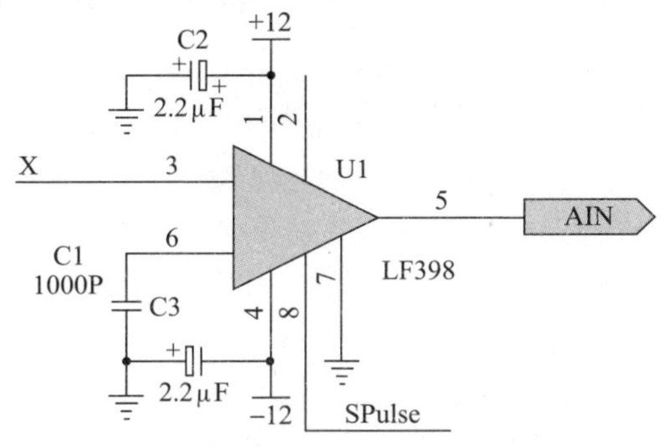

图 5-10　采样保持电路

4）模数转换电路

考虑到数据采集的精度和速度要求，采用集成的数据采集器（DAS）方案，即集成 A/D 转换器及其外围电路于一体。主要包括：用于切换输入通道多路复用器；为不同输入范围提供增益和偏移电压调节的信号调理电路；模拟-数字转换器（ADC）和电压基准（Vref）。本设计采用了具有标准微处理器接口的 MAXIM 公司的 MAX198 数据采集器。它的最高转换位数（分辨力）是 12 位，最高转换速度是 6μs，经分析完全符合要求。

数据采集系统内部工作模式电路如图 5-11 所示。

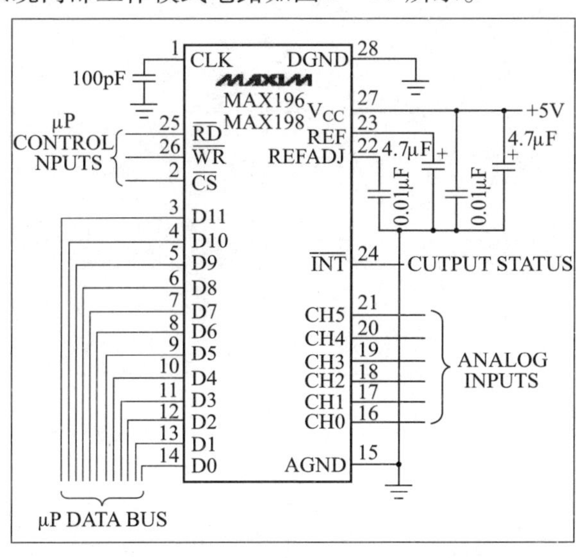

图 5-11　数据采集系统内部工作模式电路

5）正峰值采样脉冲生成电路

经过三相/两相变换，从 Scott 变压器输出的两相信号，它们的幅值都是与转角 θ 的正弦或余弦函数成正比的。因此，要求出 θ 的数字量，必须先得到与 $\sin\theta$ 或 $\cos\theta$ 值成正比的直流信号，再用 A/D 变换把直流信号进一步转换成数字量。此处的交流/直流变换一般采用同步式检波电路。

由于同步机激磁信号与 Scott 变压器输出信号在时域上是相同的，所以用同步机激磁信号作为变换的控制信号。首先，用移相网络将激磁信号移相 90°，这样每当移相过波形正向越零瞬间，正好对应着 Scott 变压器输出信号的幅值，如果在此时产生一个窄脉冲，用来控制采样保持电路，此值即为输出信号的幅值。因为被采集的正弦波正处于"平坦"的顶部，所以采集到的幅值与真实的幅值之间误差很小。激磁电压的正峰值脉冲硬件电路如图 5－12 所示。

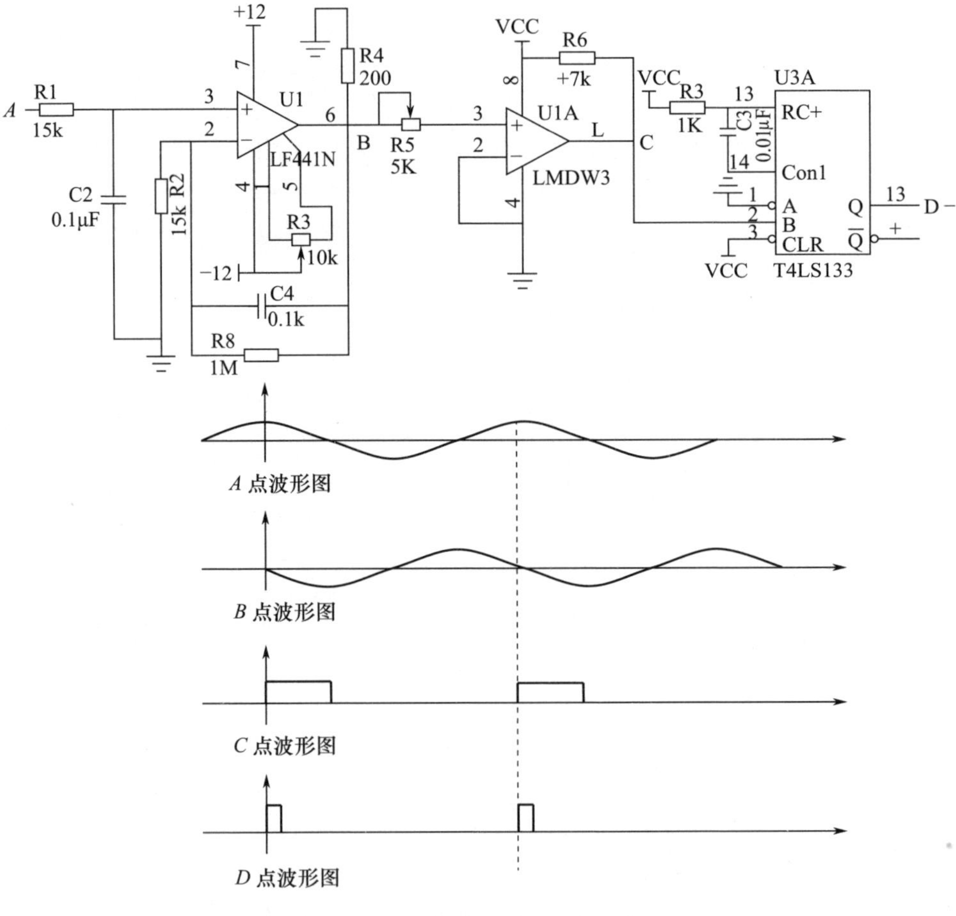

图 5－12　正峰值采样脉冲生成电路

5.2.3.3 FPGA 内部功能电路

本模块采用的 FPGA 型号为 EPF10K20TC144 -4,内部功能电路主要包括总线接口电路和 SDC 转换功能电路。在 FPGA 中的 SDC 转换功能模块主要包括 A/D 转换控制模块和双口 RAM 模块。FPAG 的输入、输出端口如图 5-13 所示。PC104 总线接口模块共用 24 位,其中 ADDRESS 为 4 条偏移地址线,BUS_DATA 为 16 条数据线,BUS_READY 为 4 路 A/D 转换完成中断信号,BUS_RDA 为外部复位,SELECT 为 50Hz 和 400Hz 的模式选择信号。

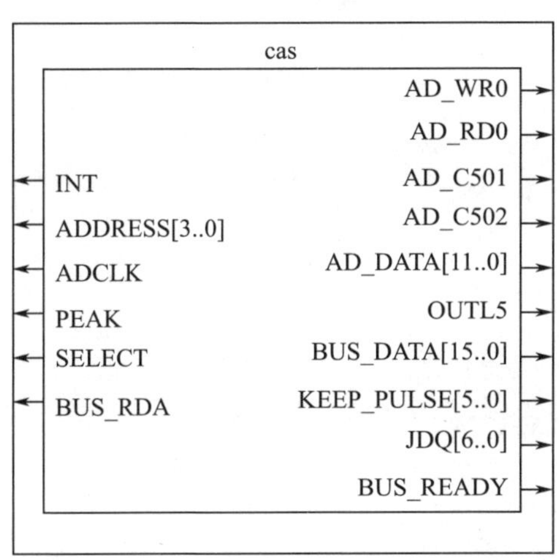

图 5-13 FPGA 的输入、输出端口

5.2.3.4 双口 RAM 模块

双口 RAM 是由 FPGA 内部的 EAB 模块实现的,容量为 16 字。双口 RAM 的选用代替了以往的外部双口 RAM,节约了 FPGA 的引脚资源,并省略了与外部 RAM 配套的地址译码器,既节约了成本又方便了控制。本设计中 A/D 转换由 FPGA 控制并将转换结果依次存储在 FPGA 内部的双口 RAM 中,4 路信号全部转换结束后,由 BUS_INT 信号通知主控设备,一次由主控设备读出 RAM 中的数据。

双口 RAM 是允许左右两个端口同时读写数据的存储器,每一个端口有自己独立的控制信号线、地址线和数据线,允许数据高速存取。该 RAM 是直接从 MAXPLUS Ⅱ 的元件库中调用出来的,其生成界面如图 5-14 所示。

图 5-15 中的双口 RAM 有 16 条数据输入线 data[15..0],16 条数据输出线 q[15..0],4 条写地址选择线 wraddress[3..0],1 条写控制线 wren,4 条读地址选择线 rdaddress[3..0],1 条读控制线 rden,1 条时钟输入线 clock,在 clock 上升沿作用下,如果写控制线为“1”,则 data[15..0] 中的数据将写入双口 RAM 中

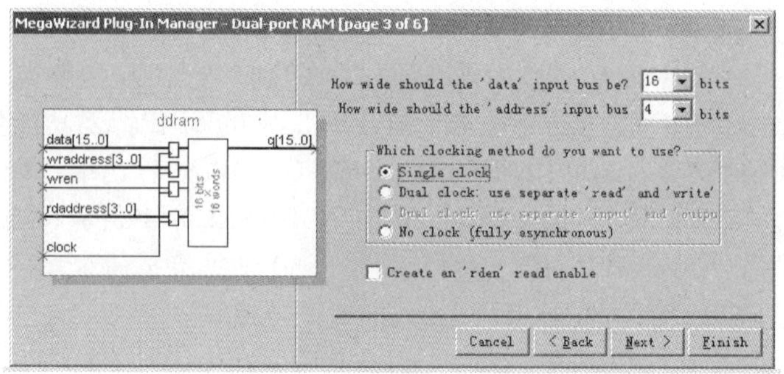

图 5-14　双口 RAM 生成界面

并锁存,如果读控制线 rden 为“1”,则 RAM 中的数据可从 q[15..0]输出。上述操作过程都是同步方式,由 clock 控制。

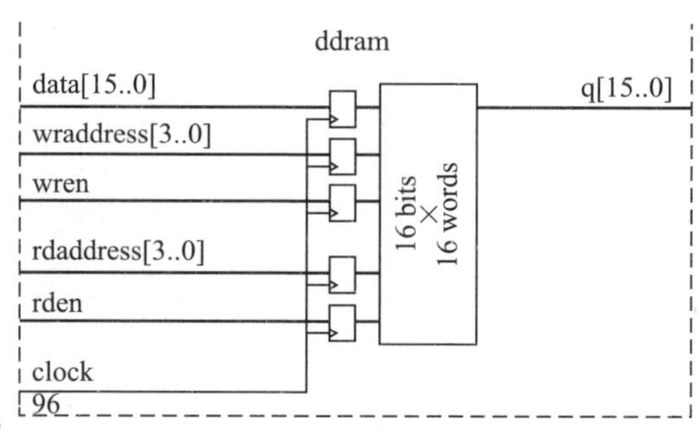

图 5-15　双口 RAM 功能模块

5.2.4　数字-轴角转换(DSC)模块设计

要实现对火控系统的整体性能测试和故障诊断,开发模仿火控系统输入信号的通用激励信号源模块(DSC)很有必要。通过分析可知,火控系统的输入信号大部分为轴角信号,且由 1:20 粗精组合旋转变压器输出信号作为输入,由此可知道正、余弦旋转变压器的两相电压表达式为

$$\begin{cases} u_s = K_z U_m \sin\omega t \sin\theta \\ u_c = K_z U_m \sin\omega t \cos\theta \end{cases}$$

考虑到接口电路和控制电路的复杂性和灵活性,采用高性能的 FPGA 芯片实现,使 DSC 模块集成度更高,性能更稳定,输出可直接驱动火控计算机的目标坐标输入端口。主要分两大部分:FPGA 内部功能电路和 FPGA 外部功能电路如图 5-16 所示。

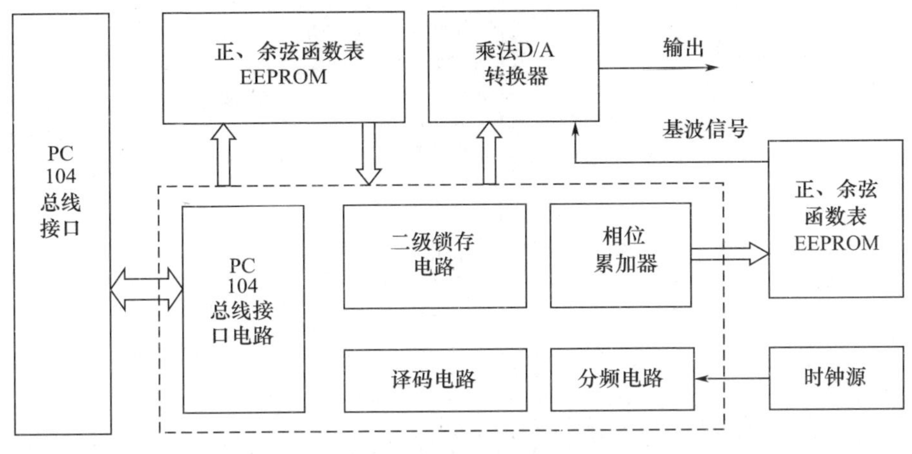

图 5-16　DSC 模块逻辑框图

5.2.4.1　EEPROM 实现四象限正、余弦表格

本 DSC 模块采用 15 位二进制数表示目标坐标的全角度。按照以往的设计,通常将高 2 位二进制码用来表示角度所在象限,并以 2 位循环码的形式出现,其余 13 位二进制码表示象限角,角度范围为 0 ~ 90°。这种方法需要专门电路来处理象限切换,用象限码控制相应的逻辑电路,改变相乘型 D/A 转换器的参考端信号的相位,并要求有相位互差 180°的两个参考源。为了简化电路设计减少器件数目,使用容量较大的 EEPROM 器件实现正、余弦函数计算(表格),根据用 15 位二进制数表示全角度的要求,可知 EEPROM 的容量为 $2^{15}=32768$,也就是说要采用 32KB 容量的芯片,为了保证输出有足够的精度,采用 12 位输出。由于 EEPROM 芯片大部分是 8 位产品,且 16 位产品市场上少见且价格较高,对编程工具要求也高。为此 8 位芯片“拼装”成 12 位的芯片,这样正、余弦函数表格只用三片 28256 即可,如图 5-17 所示。U1 和 U2 的上半部(高 4 位)实现正弦表格,U2 下半部(低 4 位)和 U3 实现余弦表格。分别实现 $S=\sin(X)$ 和 $C=\cos(X)$ 运算,其中自变量 X 为输入,采用 15 位二进制,函数值 S 和 C 使用 12 位二进制表示。现在对上述方法实现正、余弦表格的精度进行分析。正、余弦函数输出用 12 位二进制数表示,对于四象限 DAC,相当于用 $2^{12}=4096$ 个量化单位,来表示对应电感移相器旋转一周的角度,对于粗略电感移相器,一个量化单位代表 6000/4096 = 1.465mil;对于精确电感移相器,一个量化单位代表 300/4096 = 0.073mil。显然,正、余弦表格的精度是比较高的。由于 28256 访问时间仅需 70ns,比软件计算要快得多,所以采用 EEPROM 器件实现正、余弦函数计算(表格),节省了时间开销,提高了 DSC 的实时性。基波生成电路也用了两片 EEPROM28256,用法相同。

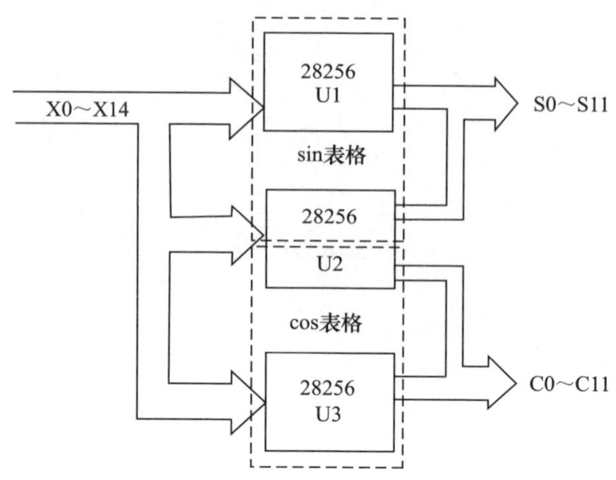

图 5－17　用三片 28256 实现正、余弦函数表格

5.2.4.2　数模(D/A)转换电路

火控计算机与雷达、光电跟踪仪接口所用的电感移相器，激磁使用 15V400Hz 交流基准电源，电感移相器输出有效值最大为 6V。对于上述接口要求，在设计 DSC 电路时一并予以考虑，由于 DSC 的输出采用相乘型 D/A 转换器，并采用双极性转换，也称为四象限乘法模式，其电路如图 5－18 所示。D/A 芯片采用 MAXIM 公司的 MX7541A，它与 AD7541、AD7541A 引脚兼容。

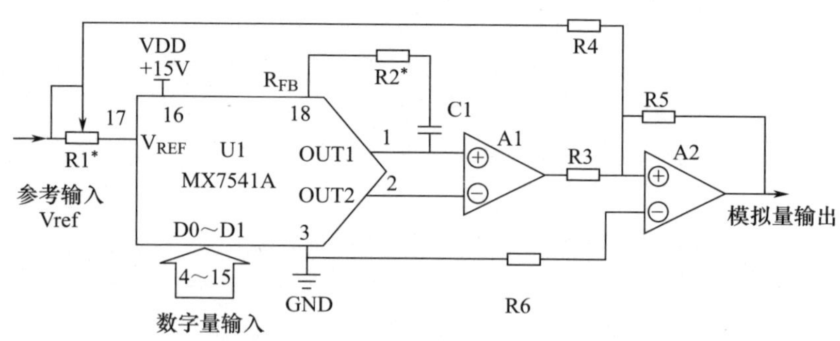

图 5－18　四象限相乘型 DAC 原理图

5.2.4.3　FPDA 内部功能模块

DSC 模块所用 FPGA 型号为 EPF10K10QC208－3 FPGA，FPGA 中主要实现的功能电路包括总线接口电路和 DSC 功能电路。DSC 功能模块包括：二级锁存模块、译码模块、基波分频和相位累加器模块。输入接口为：基波生成时钟信号 clk，输入正、余弦数据线 datain[23..0]，锁存控制线 address[2..0]。输出接口：

粗正弦数据线 bgs[11..0],粗余弦数据线 bgc[11..0],精正弦数据线 bjs[11..0],精余弦数据线 bjc[11..0],基波生成相位累加器输出 baseaddr[11]。FPGA 中的功能模块如图 5-19 所示。

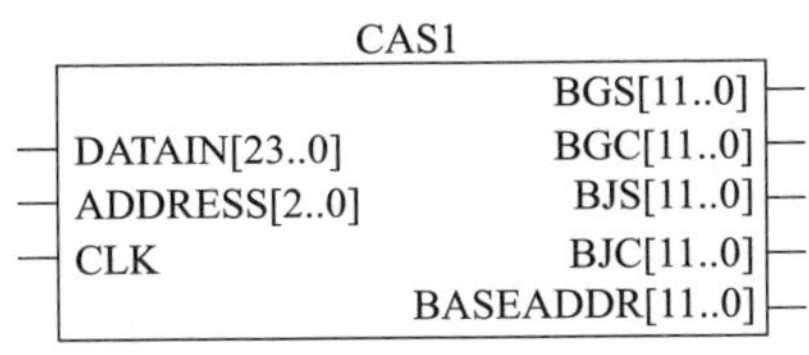

图 5-19 FPGA 中的功能模块

1) 二级锁存模块

二级锁存模块由 VHDL 语言编写,程序 1 为一级锁存,程序 2 为二级锁存。工作过程如下:主控设备首先输入调制信号 $\sin\theta$ 和 $\cos\theta$ 值在 EEPROM 中的地址值,经过适当延时,待存储在 EEPROM 数据稳定输出,然后输入 000~110 之间偏移地址,经译码模块译码,产生对应通道的锁存信号,数据稳定锁存后,再依次输入其他通道的数据并锁存,直至 2 对正、余弦通道的数据全部锁存后,主控设备输出偏移地址 111,存储在锁存器中的 6 对数据同时输出到 DA 芯片。采用 FPGA 实现接口,延时小,精度高。

2) 基准波形的相位累加器模块

DSC 模块的基准波形生成实际采用 DDS 技术(图 5-20)。DDS 作为一种频率合成器,它其实是应用了取样原理,即以较高的参考频率作为取样时钟,在时钟的每个周期内,输出希望得到的频率波形取样值。本设计为正弦波形的取样值。输出取样值大小由相位累加器输出的相位决定,而输出波形的频率由相位累加器的步长决定。本设计的相位累加器是 12 位,用来产生基准输出波形的即时相位。

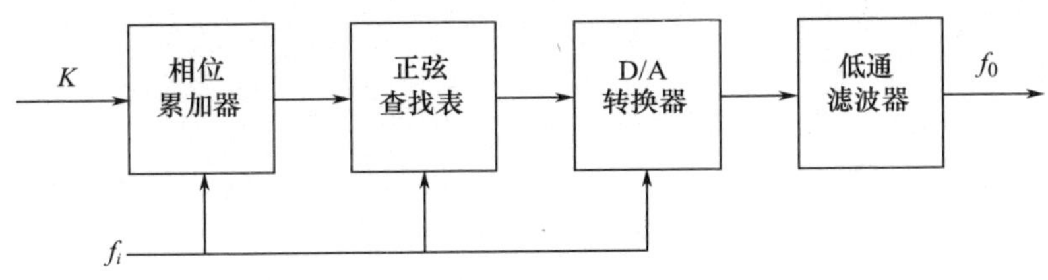

图 5-20 DDS 组成方框图

因为所设计的 DSC 模块需要频率为 50Hz 和 400Hz,如果参考时钟频率为 4MHz,输出频率为 50Hz 的正弦信号,通过计算一个周期应输出正弦值为 2500 个,那末输出分频频率为 $f=50\times2500$,如果在相同条件下,输出频率为 400Hz 的情况下，输出分频频率为$f=400\times2500$。电路实现过程如下：首先将基准时钟分频到适当频率，然后根据所需输出频率设定计数器的最大值，计数器输出作为EEROM（正弦函数表）的地址输入，EEROM的数据线的输出经D/A转换器数模转换，即为正弦信号波形输出。

5.2.5 系统抗干扰设计

一般情况下，干扰信号通过三个途径进入器件内部：即电磁感应、传输通道和电源线。通常来自电磁感应的干扰信号要小于后两者，而且可以通过良好的屏蔽和正确的接地加以解决。抗干扰措施主要是尽量切断来自传输通道和电源线的干扰。

5.2.5.1 主要措施

为了提高系统工作的稳定性，主要采取了以下措施：

（1）为了保护FPGA芯片以及使实线信号远距离可靠传输，通常在芯片的输入、输出引脚加驱动集成电路54HCT244或54HCT245，工作在5V电压下，这对于采用5V和3.3V混合设计的FPGA电路来说，也可以抑制部分幅度低于驱动芯片门限的干扰脉冲。

（2）在电源输入端跨接10～100μF（如有可能，100μF以上更好）电解电容器。以EPF10K20QC208－3为例，整个芯片采用3.3V和2.5V供电，采用5V电源通过稳压电路ASl117－2.5，3.3V稳压得到，其中引脚VCCINT接2.5V，VCCIO接3.3V，每个电源引脚均通过0.01μF贴片电容器接地。芯片周围用栅格状地箔，这样既可抑制干扰，又便于电源引脚的去耦电容器接地。

（3）在设计印制板时，将数字地与模拟地分开，印制板上既有逻辑电路又有线性电路，应使它们尽量分开。低频电路的地应尽量采用单点并联接地，高频电路宜采用多点串联接地，地线应短而粗。信号线应尽量减少回路环的面积，以降低感应噪声，晶振要尽量靠近芯片，且布线要较粗。

5.2.5.2 防毛刺设计

消除毛刺的一般方法有以下几种：

（1）利用冗余项消除毛刺。函数式和真值表所描述的是静态逻辑，而竞争则是从一种稳态到另一种稳态的过程。因此竞争是动态过程，它发生在输入变量变化时。此时，修改卡诺图，两个卡诺图圈相切处增加一个冗余的卡诺圈，在卡诺图的两圆相切处增加一个圆可以消除逻辑冒险。但该法对于同步电路产生的毛刺是无法消除的。

（2）通过改变设计，破坏毛刺产生的条件，来减少毛刺的发生。例如，在数字电路设计中，常常采用格雷码计数器取代普通的二进制计数器，这是因为格雷码计数器的输出每次只有一位跳变,消除了竞争冒险的发生条件,避免了毛刺的产生。

(3)在系统中尽可能采用同步电路。毛刺并不是对所有的输入都有危害,例如,D 触发器的 D 输入端,只要毛刺不出现在时钟的上升沿,并且满足数据的建立和保持时间,就不会对系统造成危害,因此可以说 D 触发器的 D 输入端对毛刺不敏感。根据这个特性,应当在系统中尽可能采用同步电路,由于毛刺很短,多为几纳秒,基本上都不可能满足数据的建立和保持时间。因此如果在输出信号的保持时间内对其进行“采样”,就可以消除毛刺信号的影响。

(4) 待信号稳定之后进行取样。由于冒险出现在变量发生变化的时刻,如果待信号稳定之后加入取样脉冲,那么就只有在取样脉冲作用期间输出的信号才能有效,这样可以避免产生的毛刺影响输出波形。

(5) 增加输出电容。增加输出滤波,在输出端接上小电容 C 可以滤除毛刺,但输出波形的前后沿变坏,对波形要求较严格时,应再加整形电路,该方法不宜在中间级使用。

(6) 调整电路延迟。因为毛刺最终是由于延迟造成的,所以可以找出产生延迟的支路。对于相对延迟小的支路,加上毛刺宽度的延迟可以消除毛刺,但有时随着负载增加,毛刺会继续出现,因而这种方法也是有局限性的。而且采用延迟线的方法产生延迟更会由于环境温度的变化而使系统变得不可靠。

在电路设计中综合使用以上几种方法将可以将毛刺出现的几率减到最小,大大加强系统的稳定性。